云网融合

算力调度技术研究及大规模应用实践

刘志军　周国强　雷　波　闵　锐　李志强　张文熙　梁智强◎编著

U0300323

人民邮电出版社

北　京

图书在版编目（ＣＩＰ）数据

云网融合：算力调度技术研究及大规模应用实践 /
刘志军等编著. -- 北京：人民邮电出版社，2023.1（2023.11重印）
ISBN 978-7-115-59860-8

Ⅰ．①云… Ⅱ．①刘… Ⅲ．①计算机网络—研究
Ⅳ．①TP393

中国版本图书馆CIP数据核字（2022）第148701号

内 容 提 要

　　本书首先从云网融合趋势下运营商新型网络架构——算力感知网络的发展角度，梳理了算力网络的发展情况及业务需求，介绍了算力网络的架构及关键技术；其次从算力网络实现的角度，在算力和网络基础设施的基础上，分析了算网一体、算网编排与管理的实现，并系统地介绍了算力网络规划的架构、方法及流程，提出了算力网络的信息发布、采集、交易、资源调度等内容的端到端解决方案；最后阐述了此方案在云网能力互调、云网安能力统一编排等场景的大规模实际应用。

　　本书可作为从事云网融合、算力调度与 5G 等相关人员的参考用书，也适合高等院校计算机、通信、电子工程等专业的师生，以及想要学习云网融合算力调度技术的相关人员阅读。

◆ 编　著　刘志军　周国强　雷波　闵　锐
　　　　　　李志强　张文熙　梁智强
　　责任编辑　赵　娟
　　责任印制　马振武

◆ 人民邮电出版社出版发行　　北京市丰台区成寿寺路 11 号
　　邮编　100164　　电子邮件　315@ptpress.com.cn
　　网址　https://www.ptpress.com.cn
　　廊坊市印艺阁数字科技有限公司印刷

◆ 开本：800×1000　1/16
　　印张：14　　　　　　　　　　　2023 年 1 月第 1 版
　　字数：247 千字　　　　　　　　2023 年 11 月河北第 4 次印刷

定价：89.90 元

读者服务热线：(010)81055493　印装质量热线：(010)81055316
反盗版热线：(010)81055315
广告经营许可证：京东市监广登字 20170147 号

近年来，互联网、大数据、云计算、人工智能、区块链等技术加速创新，日益融入经济社会发展的各个领域，各国竞相制定数字经济发展战略，出台鼓励政策，数字经济发展速度之快、辐射范围之广、影响程度之深前所未有，正在成为重组全球要素资源、重塑全球经济结构、改变全球竞争格局的关键力量。

党的十八大以来，党中央高度重视发展数字经济。党的十八届五中全会提出，实施网络强国战略和国家大数据战略，拓展网络经济空间，促进互联网和经济社会融合发展，支持基于互联网的各类创新。党的十九大提出，推动互联网、大数据、人工智能和实体经济深度融合，建设数字中国、智慧社会。党的十九届五中全会提出，发展数字经济，推进数字产业化和产业数字化，推动数字经济和实体经济深度融合，打造具有国际竞争力的数字产业集群。国家相继出台了《网络强国战略实施纲要》《数字经济发展战略纲要》等文件，从国家层面部署推动数字经济发展。近年来，我国数字经济发展较快、成就显著。在抗击新冠肺炎疫情的过程中，数字技术、数字经济在恢复生产生活方面发挥了重要的作用。

数字经济从传统的信息化向智能化、数字化的方面加快演进，以云网融合为数字化底座，以人工智能为智能化驱动力的经济模式不断推进，云网融合对云网技术和生产组织方式的深入融合与创新，使电信运营商对业务形态、商业模式、运维体系、服务模式、人员队伍等方面进行调整，从传统的通信服务提供商转型为智能化数字服务提供商，为社会数字化转型奠定坚实、安全的基石，成为我国建设综合性数字信息基础设施的核心特征。其中，算力和网络作为云网融合最重要的两大核心能力，成为数字经济的基础设施底座。

《中华人民共和国国民经济和社会发展第十四个五年规划和2035年远景目标纲要》提出，建设高速泛在、天地一体、集成互联、安全高效的信息基础设施；加快构建全国一体化大数据中心体系，强化算力统筹智能调度，建设若干国家枢纽节点和大数据中心集群。

2021 年 6 月，国家发展和改革委员会等部门联合发布《全国一体化大数据中心协同创新体系算力枢纽实施方案》，推动数据中心合理布局、供需平衡，构建数据中心、云计算、大数据一体化的新型算力网络，加快实施"东数西算"工程。

在百年未有之大变局的背景下，以算力网络为底座的基础设施已经成为国家数字经济战略性布局的关键组成部分，对我国数字经济的发展必将起到重要作用。本书从回顾云网融合下的算力网络发展入手，结合算力基础设施和算力网络调度关键技术，进一步探讨算力网络的度量标准、感知等量化标准，最后针对算力网络编排及调度应用和实践进行介绍。

由于算力网络时代下各相关领域研究发展迅速，编者认知水平存在局限性，本书提出的观点未必完全准确，欢迎读者专家指正。

作者

2022 年 10 月

目录
CONTENTS

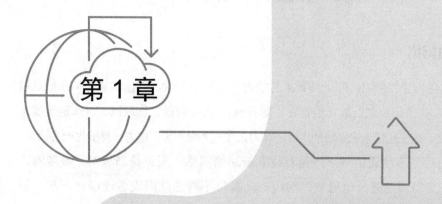

第 1 章

云网融合下的
算力网络发展

1.1 什么是算力网络

1.1.1 算力网络

算力也被称为计算能力，即处理数据的能力。从概念上讲，数据和算力早在信息技术产生后、数字经济出现之前就已经存在。随着 5G、人工智能、物联网、区块链等技术的发展，智能化、数字化是未来经济的主流，算力正在成为像水力、电力一样的生产力要素。

网络，无论是移动通信网络还是有线宽带通信网络，无论是局域网、城域网，还是广域网，其实都是通过电磁波、网线、光缆将不同的联网设备连接在一起，使它们能够互相通信。

算力网络是一种利用网络控制面传递算力等资源信息，并以此为基础实现多方、异构的计算、存储、网络等资源之间的信息关联与高频交易的技术体系，以满足新兴业务提出的"随时、随地、随需"的多样化需求，从而解决不同类型云计算节点规模建设后的算力分配与资源共享需求难题。

算力网络通过网络将各个算力节点连接起来，提供计算能力，即计算能力＋网络。业界对算力网络的定义为"一种根据业务需求，在云、网、边之间按需分配和灵活调度计算资源、存储资源及网络资源的新型信息基础设施"。网络连接将云、边、端连接起来，按照业务的需求，通过智能调度，充分利用云、边、端的计算能力，满足不同算力诉求。

算力网络是云网融合的一种形态，是架构在 IP 网之上、以算力资源调度和服务为特征的新型网络技术或网络形态，而云网融合侧重网络、算力和存储三大资源的融合，包含更大的范畴。未来的云网一体要让云和网发生化学反应，实现技术底座、运营管理和供给方式的统一，从而形成真正的数字化平台，实现各种能力服务化。

利用云网融合技术及软件定义网络（Software Defined Network，SDN）/网络功能虚拟化（Network Functions Virtualization，NFV）等新型网络技术，将边缘计算节点、云计算节点及含广域网在内的各类网络资源进行深度融合，减少边缘计算节点的管控复杂度，并通过集中控制或者分布式调度方法与云计算节点的计算和存储资源、广域网的网络资源进行协同，组成新一代信息基础设施，为用户提供包含计算、存储和连接的整体算力服务，并根据业务特性提供灵活、可调度的按需服务。

2022 年 5 月，在广东韶关首届"东数西算"粤港澳大湾区（广东）算力产业大会上，中国工程院院士、鹏城实验室主任高文表示，"东数西算"开启了"算力"消费时代，"东数西算"明确把数据中心和算力中心作为基建投资对象进行布局。目前，数据中心和算力中心的市场规模在百亿元以内，但蕴含巨大的消费发展空间。算力正在改变经济增长模式，算力对国家的宏观经济发展有重大影响，GDP 和数字经济的走势呈现正相关，算力越高，经济拉动作用越显著。此外，算力正在改变科学创新模式，近年来，密集的科学发现背后离不开算力支撑。算力优势不在于算力体量，而在于更高的计算效率、广泛的新兴技术应用及健全的基础设施支撑。

1.1.2 算力网络特征

算力网络是云网融合的一种形态，从技术特征层面来说，算力网络是云、网、边深度融合的产物，也是边缘计算发展到后期的一种全新的业务形态。由网络去调配算力，是算力网络的核心理念。

算力网络是对云网融合的深化和新升级，主要体现在以下方面。

- 对象升级。云是算的一种载体，算力将更加立体泛在，包含边、端等更丰富的形态。
- 融合升级。算力网络不仅是编排管理的融合，更强调算力和网络在形态和协议上的一体融合，同时也强化了以算为中心，人工智能、区块链、云、大数据、网络、边缘计算、终端、安全等多种技术的融合共生。
- 运营升级。算力网络对网络运营管理的要求更高，从一站式向一体化、智慧化演进。
- 服务升级。算力网络是以算力为载体、多要素融合的新型一体化服务。

算力网络通过网络控制面分发服务节点的算力、存储、算法等资源信息，并结合网络信息和用户需求，提供最佳的计算、存储、网络等资源的分发、关联、交易与调配，从而实现整网资源的优化配置。其中，算力是业务运行的必备能力，是设备或平台为完成某种业务所具备的处理业务信息的关键核心能力，涉及设备或平台的计算能力，包括逻辑运算能力、并行计算能力、神经网络加速等计算能力。算力可实现对各种信息的计算处理，存储可实现对各种信息的存储。存储能力是算力运转必不可少的支撑要素，具有资源抽象、业务保证、统一管控、弹性调度的特点。

- 资源抽象：算力网络需要将计算资源、存储资源、网络资源（尤其是广域范围内的连接资源）及算法资源等抽象出来，作为产品的组成部分提供给用户。

- 业务保证：以业务需求划分服务等级，而不是简单地以地域划分，向用户承诺诸如网络性能、算力大小等业务的服务等级协定（Service Level Agreement，SLA），屏蔽底层的差异性（例如异构计算、不同类型的网络连接等）。

- 统一管控：统一管控云计算节点、边缘计算节点、网络资源（含计算节点内部网络和广域网络）等，根据业务需求对算力资源及相应的网络资源、存储资源等进行统一调度。

- 弹性调度：实时监测业务流量，动态调整算力资源，完成各类任务高效处理和整合输出，并在满足业务需求的前提下实现资源的弹性伸缩，优化算力分配。

1.2 算力网络产生的背景

1.2.1 时代背景

伴随数字经济的发展，数据成为新的生产要素，算力成为重要的基础支撑能力。

2020 年 4 月，国家发展和改革委员会首次对"新基建"的具体含义进行了阐述：基于新一代信息技术演化生成的基础设施，包含以数据中心、智能计算中心为代表的算力基础设施等。这也是"算力基础设施"概念在国家层面首次被提出。党的十九届五中全会提出，加快发展现代产业体系，推动经济体系优化升级。坚持把发展经济着力点放在实体经济上，坚定不移建设制造强国、质量强国、网络强国、数字中国，推进产业基础高级化、产业链现代化，提高经济质量效益和核心竞争力。还要提升产业链供应链现代化水平，发展战略性新兴产业，加快发展现代服务业，统筹推进基础设施建设，加快建设交通强国，推进能源革命，加快数字化发展。

2021 年 5 月，国家发展和改革委员会、中央网信办、工业和信息化部、国家能源局联合印发了《全国一体化大数据中心协同创新体系算力枢纽实施方案》，统筹围绕国家重大区域发展战略，根据能源结构、产业布局、市场发展、气候环境等，在京津冀、长三角、粤港澳大湾区、成渝，以及贵州、内蒙古、甘肃、宁夏等地布局建设全国一体化算力网络国家枢纽节点，发展数据中心集群，引导数据中心集约化、规模化、绿色化发展。国家枢纽节点之间进一步打通网络传输通道，加快实施"东数西算"工程，提升跨区域算力调度水平。

2022 年 2 月，在京津冀、长三角、粤港澳大湾区、成渝、内蒙古、贵州、甘肃、宁夏 8 地启动建设国家算力枢纽节点，并规划了 10 个国家数据中心集群。至此，全国一体化大数据中心体系完成总体布局设计，"东数西算"工程正式全面启动。"东数西算"工程是指通过构建数据中心、云计算、大数据一体化的新型算力网络体系，将东部算力需求有序引导到西部，优化数据中心建设布局，促进东西部协同联动。简单地说，就是让西部的算力资源更充分地支撑东部数据的运算，更好地为数字化发展赋能。

在算力多样化、网络化、智能化、绿色化、安全化等发展趋势下，数字信息基础设施将进一步演变为高速泛在、天地一体、云网融合、智能敏捷、绿色低碳、安全可控的智能化综合性数字信息基础设施，为数字经济健康发展提供坚实底座。

中国电信将启动"十四五"科技创新十大重点工程，聚焦云网融合、网信安全、数智赋能、天地一体等领域，进行集中攻关，推动研发经费向重大项目倾斜，研发人才向重大项目集聚，生态合作向重大项目牵引。

中国电信全面实施"云改数转"战略，加快数字信息基础设施建设，为打通经济社会发展的信息"大动脉"持续贡献力量。

算力网络是响应国家战略、加速技术创新、顺应产业发展、推动公司转型的必然要求，将为社会数智化转型带来全新机遇。算力网络是支撑国家网络强国、数字中国、智慧社会战略的根本要求，是对接国家规划、落实"东数西算"工程部署的重要支撑，是推动国家新型基础设施走向纵深的全新路径，将有力地推动算力经济的持续健康发展。

算力网络是信息科技创新的新赛道，是加快云、网、边、端、安全等多要素融合的重要载体。发展算力网络必然会带来大量跨领域融合技术和原创技术的突破。算力网络推动网络与计算两大技术体系融合发展，以网络创新优势带动算力网络创新发展，占据新的技术制高点。

算力网络是行业发展的新引擎，是行业价值重构的重大机遇。发展算力网络，可以有效地融通多元业态、提供多元供给、形成多元服务，催生全新的商业模式，极大地拓宽行业边界，提升行业价值，促进产业高速发展。

算力网络是对云网融合的深化和新升级，主要体现在以下 4 个方面：一是对象升级，云是算的一种载体，算力将更加立体泛在，包含边、端等更丰富的形态；二是融合升级，算力网络不仅强调编排管理的融合，更强调算力和网络在形态和协议上的一体融合，同时也强化了以算为中心，云、网、边、端、安全等多种技术的融合共生；三是运营升级，算力网络对网络运营管理的要求更高，从一站式向一体化、智慧化演进；四是服务升级，算力网络是以算力为载体、多要素融合的新型一体化服务。

算力网络也将成为 6G 网络发展的基础。在网络和计算深度融合发展的大趋势下，6G 的核心愿景和应用场景呼唤基础设施的创新，要求网络和计算相互感知，高度协同，实现泛在计算互联，提升网络资源效率。

全球经济进入转型期，数字经济、智慧社会的出现，让世界加速向数字化迁移，云计算、5G、AI、区块链、大数据等新技术正在重塑全球经济结构。其中，数据已成为数字时代的"能源"，而算力作为数字经济的核心生产力，也成为全球竞争的新焦点。

正是在这样的背景下，规划多年的"东数西算"作为中国向数字经济转型升级的基础设施，正在加速启动。"东数西算"不是简单地投资与建设数据中心，而是对全国一体化的大数据中心体系的总体设计布局，关系到千行百业的升级，更关系到中国未来经济的走势。

1.2.2　技术背景

随着云计算、大数据等新兴信息技术业务应用的规模落地，新业务应用对网络的需求越来越高，灵活性、易扩展和简单易用成为电信运营商未来网络必须具备的基本能力，用户能按需自助开通质量可以得到保证的虚拟网络将成为未来网络的关键。而 SDN 和 NFV 技术的出现迅速成为电信运营商关注的重点，SDN 抽象物理网络资源（交换机、路由器等），并将决策转移到虚拟网络控制平面。控制平面决定将流量发送到哪里，而硬件继续引导和处理流量，不需要依赖标准的硬件设备。NFV 的目标是将所有物理网络资源进行虚拟化，允许网络在不添加更多设备的情况下增长，这依赖于标准的硬件设备。它可以很好地解决当前电信运营商面临的困境——例如网络灵活性差、组网成本高、管理复杂、运维量大、新业务上线慢等。随着云原生、异构计算、边缘计算、基于互联网协议第 6 版（Internet Protocol version 6，IPv6）的段路由（Segment Routing IPv6，SRv6）技术、确定性网络、软件定义广域网（Software Defined Wide Area Network，SD-WAN）等技术的发展，针对边缘服务的网络结合云网融合领域算力下沉、服务异构、网络简化等新趋势，为探索云、边、端多级计算资源和服务能力提供了技术基础。

云原生是基于分布部署和统一运管的分布式云，是以容器、微服务、DevOps[1] 等技术为基础建立的一套云技术产品体系。云原生是一种新型技术体系，是云计算未来的发展方向。云原生应用是面向"云"而设计的应用，在使用云原生技术后，开发者不需要考虑底层的技术实现，可以充分发挥云平台的弹性和分布式优势，实现快速部署、按需伸缩、不停机交付等。

随着通信和网络技术的迅速发展，网络计算概念应运而生。异构计算技术自 20 世纪 80 年代中期产生，由于它能经济有效地获取高性能计算能力、可扩展性好、计算资源利用率高、发展潜力巨大，已成为并行 / 分布计算领域中的研究热点之一。

边缘计算是指在靠近物或数据源头的一侧，集网络、计算、存储、应用核心能力为一体的开放平台，提供最近端服务。其应用程序在边缘侧发起，产生更快的网络服务响应，满足行业在实时业务、应用智能、安全与隐私保护等方面的基本需求。边缘计算或处于物理实体和工业连接之间，或处于物理实体的顶端。云端计算可以访问边缘计算的历史数据。

SRv6 是当下最为热门的分段路由（Segment Routing）和 IPv6 两种网络技术的结合体，兼具前者的灵活选路能力和后者的亲和力，以及特有的设备级可编程能力，使其成为 IPv6 网络时代最有前景的组网技术。在 SDN 组网中，由控制器负责编排和下发 Segment 列表，实现智能选路。随着 SRv6 技术和协议的完善，网络设备编程能力的提高，有望通过 SDN+SRv6 定义一切网络功能，引领我们迈入智能网络世界。

SD-WAN 是将 SDN 技术应用到广域网场景中所形成的一种服务，这种服务用于连接广阔地理范围的企业网络、数据中心、互联网应用及云服务。这种服务的典型特征是将网络控制能力通过软件方式"云化"，支持应用可感知的网络能力开放。

5G 时代，为满足现场级业务的计算需求，网络中的计算能力在云计算及边缘计

1　DevOps：Development 和 Operations 的组合词，是过程、方法与系统的总称。

算的基础上将进一步下沉，计算形态将向着"云、边、端"泛在分布的趋势发展，计算与网络的融合将更加紧密。但受限于硅基芯片的 3 纳米单核制程及多核设备的芯片架构设计难度，单一形态和单一提供主体的发展都进入了瓶颈期，大型的计算业务往往需要通过计算联网来实现，因此业界提出了"算力网络"的思想。

1.2.3　应用场景需求

算力网络作为一种新型网络技术方案，是指在"5G ＋ 移动边缘计算（Mobile Edge Computing，MEC）"时代，边缘服务的网络结合云网融合领域算力下沉、服务异构、网络简化等新趋势，探索"云、边、端"多级计算资源和服务能力，并通过承载网智能调度和高效分配。算力网络需要网络和计算高度协同，将计算单元和计算能力嵌入网络，通过计算成网的方式，利用泛在闲散算力来缓解算力的潮汐效应，提高计算资源利用率。在算力网络中，用户不需要关心网络中计算资源的位置和部署状态，只要关注自身获得的服务即可，算力网络提供方通过网络和计算协同调度保证用户的一致体验。算力网络化后将出现以下 3 种商业模式。

① 强管道模式。以管道模式为代表的流量经营是电信运营商目前开展得最广泛的业务形式之一。经过多年的积累，国内三大电信运营商均有较为优质的管线、光纤、互联网数据中心（Internet Data Center，IDC）机房、接入局站等资源。在 3G/4G 时代，内容分发网络（Content Delivery Network，CDN）及 IDC 的经营模式为电信运营商所大量尝试，但是事实证明，这种售卖底层基础资源的方式业务附加值低，商业前景比较黯淡，并且若网络在云网价值链中的占比过低，将不利于整个产业的发展。因此，在 5G 时代，电信运营商对基础资源的售卖变得更加谨慎，希望通过基础资源结合其他合适业务的方式，提供更高的业务附加值以增加销售收入。

② 强平台模式。互联网和移动互联网见证了平台模式的崛起，随着应用上云进程的不断加快，国内外各大互联网头部企业均已在云计算领域全力投入，并积极布局边缘云市场与服务。在云服务方面，国内三大电信运营商也进行了积极布局，在打造自身公有云、电信云平台的基础上，结合边缘的网络覆盖优势投身 MEC 平台研发、边缘业务服务、专网能力建设等领域。但由于技术背景、管理模式、运营思路等方面的差异，未来电信运营商主导的云平台与互联网公司的云平台、行业云平台将会长期

并存。

③ 强网络模式。除了上述两种模式，算力网络为电信运营商提供了另一种可能，即结合 IPv6+ 等数据通信新技术，打造智能网络，结合网络可编程特性和云原生轻量化计算特性，通过"弱平台＋强网络"的方式，在平台的集中控制之外，更多地尝试通过网络的分布式协同实现对网内各种服务的合理调度和资源的有效配置。

算力如何助推经济增长？一方面，算力本身产生了一些围绕数据产生、存储、调用等场景应用的新兴数字产业；另一方面，传统产业正在依靠算力实现自身的转型升级，带动产业数字化进程快速发展。

汽车制造企业的信息化发展正是这一变革的缩影。从借助 VR 技术在不生产真实样车的情况下即可完成对新车造型的评审，到应用数字孪生技术降低制造成本、提高生产效率，再到未来能够针对个性化喜好进行汽车定制。想要更高效率地开发这些研发场景，就需要更强大的算力支撑。

算力发展的未来在哪儿？我们认为，AI 的出现和发展开启了智慧计算时代。过去几年中，中国 AI 算力市场实现高速发展，AI 计算发展水平快速提高，AI 服务器支出规模首次位列全球第一。

物流园区应用 AI、机器人和自动化设备实现物流从自动化到智能化，银行基于用户的历史借贷、社交属性、征信等多要素构建的风控模型大大降低资损率，科学家运用 AI 加速技术高效开展古 DNA 基因测序……传统计算向智慧计算的升级，推动企业信息化建设从数字化向智慧化升级。

智慧交通、智慧医疗、智慧零售、智慧社区、自动驾驶、元宇宙……这些热词不断出现在我们的生活中。而实现数字化和智能化的基础正是算力。算力作为数字经济时代新的生产力，是支撑数字经济发展的坚实基础，在推动科技进步、促进行业数字化及支撑经济社会发展方面发挥着重要的作用。

算力促进经济发展体现在两个层面：第一，直接带动数字产业化的发展，例如阿里巴巴、腾讯、百度、华为等企业都在大规模投资数据中心，在满足自身业务的同时也能对外提供业务支持；第二，算力也是其他传统产业转型升级的引擎，在数字化的过程中，每一个传统行业都有机会被重新改造，制造、交通、零售、金融等行业都将在数字化创新中爆发出更大的潜力。

1.3 云网融合下的算网发展趋势

算力网络是云网融合发展的升级，将对网络运营、算力服务、资源管控、业务创新等方面产生深远的影响。其依托计算和网络两大基础设施，使能算力服务，是响应国家产业政策、具备商业前景、适合电信运营商经营、顺应技术演进趋势的新方向。算力网络的产业发展、生态建设及商业落地，需要产业各方共同努力。通过制定网络架构和接口标准形成业界统一的算力网络技术体系，指引产业链各方进行产品开发、商用落地和运营维护，促成产业伙伴间高效合作与协同，促进算力网络的可持续健康发展。

1.3.1 政策驱动力

算力作为数字时代核心资源的作用日益突出，以算力为核心的数字信息基础设施建设被提到前所未有的高度。我国出台了一系列围绕算力基础设施的政策文件，并提出加快实施"新基建""东数西算"等工程。加快以算力为核心的数字信息基础设施的发展已成为提升企业、区域乃至国家整体竞争力的重要保障。与此同时，全球智能化发展大势及元宇宙产业化进程加速，以算力为核心的科技竞争成为当前大国竞争的战略焦点，把握算力发展的重大战略机遇期就是抢占发展的主动权和制高点，这也是当前国家实现科技自立自强的内在要求之一。

2022 年 2 月，国家发展和改革委员会等 4 个部门明确在京津冀、长三角、粤港澳大湾区等地区启动建设 8 个国家算力枢纽节点，并规划了 10 个国家数据中心集群，"东数西算"工程正式全面启动。

2022 年 1 月 12 日，国务院印发《"十四五"数字经济发展规划》（以下简称《规划》），明确了"十四五"时期推动数字经济健康发展的指导思想、基本原则、发展目标、重点任务和保障措施。《规划》部署了八方面重点任务：优化升级数字基础设施；充分发挥数据要素作用；大力推进产业数字化转型；加快推动数字产业化；持续提升公共服务数字化水平；健全完善数字经济治理体系；着力强化数字经济安全体系；有效拓展数字经济国际合作。

围绕八大任务，《规划》明确了信息网络基础设施优化升级、数据质量提升、数据要素市场培育试点、重点行业数字化转型提升、数字化转型支撑服务生态培育、数字技术创新突破、数字经济新业态培育、社会服务数字化提升、新型智慧城市和数字乡村建设、数字经济治理能力提升、多元协同治理能力提升工程 11 个专项工程。

《规划》同时明确了我国 2035 年数字经济发展的五大目标，具体介绍如下。

一是数据要素市场体系初步建立：数据资源体系基本建成，利用数据资源推动研发、生产、流通、服务、消费全价值链协同。数据要素市场化建设成效显现，数据确权、定价、交易有序开展，探索建立与数据要素价值和贡献相适应的收入分配机制，激发市场主体创新活力。

二是产业数字化转型迈上新台阶：农业数字化转型快速推进，制造业数字化、网络化、智能化更加深入，生产性服务业融合发展加速普及，生活性服务业多元化拓展显著加快，产业数字化转型的支撑服务体系基本完备，在数字化转型过程中推进绿色发展。

三是数字产业化水平显著提升：数字技术自主创新能力显著提升，数字化产品和服务供给质量大幅提高，产业核心竞争力明显增强，在部分领域形成全球领先优势。新产业、新业态、新模式持续涌现、广泛普及，对实体经济提质增效的带动作用显著增强。

四是数字化公共服务更加普惠均等：数字基础设施广泛融入生产生活，对政务服务、公共服务、民生保障、社会治理的支撑作用进一步凸显。数字营商环境更加优化，电子政务服务水平进一步提升，网络化、数字化、智慧化的利企便民服务体系不断完善，"数字鸿沟"加速弥合。

五是数字经济治理体系更加完善：协调统一的数字经济治理框架和规则体系基本建立，跨部门、跨地区的协同监管机制基本健全。政府数字化监管能力显著增强，行业和市场监管水平大幅提升。政府主导、多元参与、法治保障的数字经济治理格局基本形成，治理水平明显提升。与数字经济发展相适应的法律法规制度体系更加完善，数字经济安全体系进一步增强。

展望 2035 年，数字经济将迈向繁荣成熟期，力争形成统一公平、竞争有序、成熟完备的数字经济现代市场体系，数字经济发展基础、产业体系发展水平位居世界前列。

2022 年《政府工作报告》中提出要促进数字经济发展：加强数字中国建设整体布局，建设数字信息基础设施，推进 5G 规模化应用，促进产业数字化转型，发展智慧城市、数字乡村。加快发展工业互联网，培育壮大集成电路、人工智能等数字产业，提升关键软硬件技术创新和供给能力。完善数字经济治理，释放数据要素潜力，更好赋能经济发展、丰富人民生活。

"东数西算"工程正式启动之后，社会各界将关注点主要放在了"新基建"带来的产业机遇，各大企业也开始纷纷加大投入。但是"东数西算"工程不是简单地加大建设投入，而是一个系统化可行性的国家工程，需要具备长期视角、全局观和前瞻性。

从中国未来经济底座的定位来看，"东数西算"工程要整体布局、分步实施，涉及面广、周期长、投资大、风险高，需要诸多有技术实力的企业参与，更需要国家的有力支持。

1.3.2 产业趋势

《2021—2022 全球计算力指数评估报告》中指出，全球各国之间的算力竞争愈加白热化，大部分国家算力的评分均有所提升。计算力指数与经济指标的回归分析结果显示：国家计算力指数与国内生产总值的走势呈现正相关关系，15 个重点国家的计算力指数平均每提高 1 点，国家的数字经济和国内生产总值将分别增长 3.5‰和 1.8‰。

中国正处于数字经济高速发展期，算力是行业转型升级的新引擎，也是中国数字经济腾飞的基石。中国信息通信研究院发布的《中国算力发展指数白皮书》显示，中国算力资源中每投入 1 元所带来的经济收益是 3 ～ 4 元，数据中心的投资带来较高的经济外部性和利润溢出效应。

数据大爆发使数据存储、计算的需求激增。算力需求的增长与能耗的增长成正比，在算力爆发的同时，一方面需要更强、更智能的算力（这也间接对技术创新提出更高的要求），另一方面也对算力的分配、布局、调度提出了新的要求，绿色、低碳是当前的一个"硬指标"。如何形成一张可以支撑全国数字化需求的高效运行的算力网络，成为新时代的新课题，"东数西算"就是在这样的背景下出现的。

在业务数字化、技术融合化、数据价值化的共同作用下，传统上相对独立的算力资源和网络设施正在从独立走向融合。尤其是伴随着业务实时性和交互性需求的提升，传统中心化的云部署方式难以达到新兴业务所提出的高性能和低功耗、低成本的要求，因此业界先后提出了多云协同、云边协同乃至云、网、边、端协同等多种方案来不断提升云服务的实时性和可用性，从而突破传统云和网的物理边界，实现互联网技术与通信技术、连接与算力的深度融合，构筑统一的云网资源和服务能力，形成一体化供给、一体化运营、一体化服务的体系，为社会数字化转型奠定基础。

算力在驱动社会和产业深刻变革的同时，也产生了显著的经济价值。算力是数字经济时代的核心生产力，正加速向多样化、泛在化、智能敏捷演进。近年来，数字经济已成为高质量发展的新引擎，随着国家"东数西算"工程的全面启动，三大电信运营商都在算力方面布局，主要围绕京津冀、长三角、粤港澳大湾区、成渝，以及贵州、内蒙古、甘肃、宁夏等地布局建设全国一体化算力网络国家枢纽节点，发展数据中心集群，引导数据中心集约化、规模化、绿色化发展。

中国电信积极践行建设网络强国和数字中国、维护网信安全的责任使命，全面实施"云改数转"战略，加快数字信息基础设施建设，为打通经济社会发展的信息"大动脉"持续贡献力量。中国电信加大科技创新力度，加快推进以云网融合为核心特征的数字信息基础设施建设与升级，充分发挥网的基础优势，把握云的发展方向，在业内率先提出了云网融合的发展理念，经过几年的实践，如今已演进到云网融合3.0的新阶段，突出强化科技创新，推动数据中心、网络、算力、云计算、大数据、AI、安全、绿色等多要素聚合创新。在高速泛在、天地一体方面，中国电信已建成了全球最大的5G独立组网共建共享网络、最大的千兆光纤网络，是国内唯一的卫星移动通信运营商，后续将持续完善陆海空天全域的立体化、广覆盖、高性能网络布局。在云网融合、智能敏捷方面，中国电信在全球率先推动了云、网、互联网技术的统一运营，实现网络资源按云所需、网络调度随云而动、云网一体化部署。通过加强云基础软硬件、云技术底座、云创新服务等关键核心技术攻关，中国电信持续推进天翼云升级到4.0全新阶段，具备分布式、自主可控、安全可信的重要特征，为数字经济发展构筑云网融合的全新数字底座。在绿色低碳、安全可控方面，中国电信通过新技术、新模式、新运营打造绿色新云网，将东部非实时类算力需求向绿电资源丰富的西部有序转移，积极推动节能降碳，通过深化与中国联通4G/5G网络共建共享，力争"十四五"期间节电量超过450亿千瓦时。中国电信统筹发展与安全，聚焦云网、数据安全核心技术，统一安全技术标准，构建覆盖云、网、边、端的全方位安全防御体系，具备快速响应、实时处置的安全防护能力。中国电信秉持开放合作理念，围绕云计算、AI、视频、支付、数字生活等领域，推动实施更深层次的务实生态合作，共同打造产业共赢新生态，创造数字经济新未来。

国家"十四五"规划提出了"数字中国"整体建设目标，为 IT 产业指出了未来的发展方向。云网融合是科技自立自强的内在要求，是发展数字经济的坚实支撑，是维护国家信息安全的有效保障，对于我国网络强国建设具有重要的意义。

为推动数字经济的进一步发展，整个产业链需要上下游共同发力，构建算力共赢的生态圈。为全面支撑和推动国家数字化转型战略，中国电信需要持续完善云网资源融合布局，携手合作伙伴打造生态合作能力底座，深度协同产业链上下游，共同推进产业数字化发展。

1.3.3 技术趋势

在算力时代，数据资源正在从集中的部署方式向多级化的方向发展，尤其是以边缘计算、端计算为代表的算力形态的出现，与规模化算力形成互补之势。算力将以网络为中心融合资源供给，同时，智能敏捷、随愿自治将成为智能社会算力设施的重要标签。

在网络层面，虽然 6G 的定义还没有完全确定，但可以肯定的是，算力必然是它的核心能力。

在底层技术层面，随着云原生、异构计算、边缘计算、SRv6 技术、确定性网络、SD-WAN 等各层关键技术的逐渐完善，算力技术更加多样性，布局呈现泛在化、智能敏捷、绿色安全。

一是算力多样性态势日益凸显。作为新一轮技术革命的衍生品，数据资源正在以极低的边际成本加速涌现。这些数据资源既可以与新材料技术、先进制造技术相结合，又可以作为独立生产资料存在，从生产、管理、计算、交流等方面赋能企业经营，成为新的关键生产要素。在此背景下，没有任何一种计算架构可以满足所有行业的需求，围绕数据分析处理的算力被赋予更加丰富的内涵，在基础通用算力之外，诞生了智能算力、超算算力及前沿算力（例如量子计算、光子计算）等专业化的算力设施。

二是算力布局呈现泛在化趋势。算力资源正从集中的部署方式向多级化的方向发展，尤其是以边缘计算、端计算为代表的算力形态的出现，与规模化算力形成互补之势，构建新型云计算基础设施，成为各行各业转型升级的数字底座。同时，算力网络化技术将整合不同归属、不同地域、不同架构的算力资源，打破"数据孤岛"，推动数字经济走向繁荣。

三是"智能敏捷、绿色安全"将成为算力发展的新要求。算力智能化、算力绿色化、算力可信化成为未来的发展方向。随着数字世界和物理世界的边界逐步消融，人工智能将从无人驾驶、工业互联网等上层应用向底层基础设施延伸，智能敏捷、随愿自治将成为智能社会算力设施的重要标签。着眼当下，绿色安全与数字经济偕行发展，在坚定不移地推进"联接 + 算力"朝着生态优先、绿色低碳目标演进的同时，云网融合的数字信息基础设施将筑牢可靠、可信的安全堤坝，为经济的逆势崛起保驾护航。

新型算力网络具有两大核心点：一是算力，二是算力的调度能力。

数据的多样性对算力的多样性提出了新的要求，除了算力的灵活高效，也需要算力无处不在。以天翼云为例，可以看到其在这两个方向上的努力。从技术创新的角度来看，弹性裸金属服务器的创新尤为值得一提，其兼顾了物理机的极致性能、安全隔离和云服务器的弹性体验、便捷管理，可以满足企业用户对于高性能、高安全、高性价比的需求，更好地保障企业业务一键迁移、快速上云，这些特性适用于数据库、大数据分析、混合云、金融证券等核心业务场景；从算力无处不在的维度来看，中国电信已经明确了"2+4+31+X+O"的云算力布局体系，目前共拥有 794 个数据中心，50 万个机架。以上这些保障体系为各类用户提供高速泛在的算力。

中国电信拥有全球最大的宽带互联网络、最大的光纤宽带网络、最大的干线光缆网络，已经率先建成全球最大的可重构光分插复用器（Reconfigurable Optical Add/Drop Multiplexer，ROADM）全光网，运营全球最大的政企光传送网络（Optical Transport Network，OTN）精品专网。近年来，根据用户网络连接需求的变化，中国电信持续推动通信网络从传统以行政区划方式组网向以数据中心和云为中心组网转变，实现了四大经济发展区域的扁平化、低时延的组网。同时，将骨干通信网络核心节点直接部署到内蒙古和贵州数据中心园区，直达北京、上海、广州、深圳等一线经济热点区域，为全国用户提供低时延、高质量的快速访问。

中国电信下一步将围绕全国一体化大数据中心，优化网络架构，降低网络时延，实现算网高效协同，承接东数西算业务需求，提升国家枢纽节点核心集群所在区域的网络级别，实现全国至核心集群的高效访问；大力推动国家互联网骨干直联点建设，在有效监管下，提高数据中心的跨网交换能力；根据东西部节点间的互补特点，架构优化和新技术引入协同，打造多条连接东西部数据中心节点的大带宽、高质量、低时延的直连网络通道；在枢纽节点内部构建高速的互联网络，全面提升核心集群间、核心集群与城市数据中心之间的互联质量。

目前，中国电信正在以"网是基础，云为核心，网随云动，云网一体"的总体思路推进云网融合，通过打造泛在智联能力、智能算力能力、数字平台能力、原生安全能力等加速云网融合成型。

- 在智联能力方面，中国电信已经构建了 CN2-DCI、政企 OTN 等广覆盖、高安全的物理基础网络，同时构建了弹性扩展、灵活高效的 SD-WAN 虚拟化网络，并通过部署 SRv6、网络可编程、能力服务化封装、对外开放，实现网络智能化、服务化。

- 在智能算力能力方面，中国电信明确构建"2+4+31+X+O"的云算力布局体系，即 2 个服务全球的中央数据中心，京津冀、长三角、粤港澳、川陕渝 4 个区域节点，"一省一池"的 31 个省（自治区、直辖市）节点，按需部署的边缘节点及重点覆盖的海外节点，同时打造云边高度协同能力，赋能各类行业应用。

- 在数字平台能力方面，中国电信聚焦用户差异化的业务需求，开放生态与自主研发相结合，打造数字化平台，赋能数字经济。

- 在原生安全能力方面，中国电信通过网络原生安全＋可信云，构筑端到端安全能力体系。持续巩固网络侧安全能力，不断丰富云上的安全可信应用，创新打造云网接入点（Point Of Presence，POP）上的独特安全能力，实现安全融云，为用户提供端到端的安全保障。此外，"云堤"是国内首个也是目前唯一有全球覆盖能力的"电信运营商级"网络攻击防护平台，是基础电信运营商云网融合、安全赋能的标杆。

经过多年云网融合的实践，中国电信已成为国内唯一一家"陆地有光纤、水下有海缆、空中有移动、天上有卫星"的电信运营商。

随着 5G 标准的成熟和商业应用的逐步展开，6G 迅速进入业界视野。很多机构和组织发布了与 6G 技术相关的白皮书，为未来 6G 技术指标和技术应用指明了方向。

6G 网络将是一个地面无线与卫星通信集成的全连接世界。通过将卫星通信整合到 6G 移动通信网络，实现全球无缝覆盖，网络信号能够抵达任何一个偏远乡村，让身处山区的病人能接受远程医疗，让孩子们能接受远程教育。此外，在全球卫星定位系统、电信卫星系统、地球图像卫星系统和 6G 地面网络的联动支持下，地空全覆盖网络还能帮助人类预测天气、快速应对自然灾害等。6G 通信技术不再只是简单的网络容量和传输速率的突破，更是为了缩小"数字鸿沟"，实现万物互联。

6G 的数据传输速率可能达到 5G 的 50 倍，时延缩短到 5G 的十分之一，在峰值速率、时延、流量密度、连接数密度、移动性、频谱效率、定位能力等方面远优于 5G。

6G 需要重点考虑的是，如何将两条不同发展轨道的技术融为一体。最彻底的融合模式是全面融合，即从组网到空口，完全实现无感对接。简单的形式是网络各自独立发展，通过多模终端完成多系统支持。

6G 网络将成为一个能实现服务资源动态调整、计算资源合理分配、业务与网络深度协同的融合型网络。从 5G 网络发展和 6G 业务特征的角度阐述 6G 网络的发展趋势，预计 6G 网络将以网络与计算的深度融合为引擎，向着云、网、边、端、用协同与融合的方向发展和演进，实现全频域、全场景、全业务的灵活适配与资源协同。在 5G 时代，高速率和低时延是网络的主要技术特征，它们使无线接入的分量在整个移动通信网络中变得更重。这促进了移动边缘计算的发展，使业务的产生、处理和应用都可以在本地完成，而不再仅仅依靠遥远的集中单元。在 6G 应用中，接入侧的影响也会越来越深远，业务应用的速率和时延要求会越来越高，移动边缘计算的作用也会更加凸显。同时，随着业务应用对网络性能要求的不断提高，管道化的网络显然不能有效支撑业务应用的发展。6G 网络架构将会以网络与计算的深度融合为引擎，突破传统针对个人通信设计的移动网络架构瓶颈，从云、网、边、端、用的协同与融合的角度整体考虑，实现全频域、全场景、全业务的灵活适配与资源协同，最终实现一体化的网络架构目标。6G 网络凭借强大的 AI 与大数据分析计算，将成为聚合云、网、边、端、用于一体的计算型、数据型网络。

1.4 云、边、端算力平台

1.4.1 云计算

云计算是分布式处理、并行计算和网格计算的发展，其本质是对计算机算力进行灵活调度的一种服务模式。关于云计算的定义有很多，Gartner 对云计算的定义是：云计算是一种计算方式，能通过互联网技术将可扩展的和弹性的 IT 能力作为服务交付给外部用户。美国国家科学技术学会（National Institute of Science and Technology，NIST）对云计算的定义是：云计算是一种模型，使可供配置的共享计算资源（例如，网络、服务器、存储、应用程序、服务等）能够以随处、便捷、按需的网络形式进行访问，这些资源能被快速分配及释放，同时做到管理成本或服务提供者的干预最小化。

云计算面向不同服务提供了不同的计算力或者计算力模型。因此存储和数据传输都需要以计算力作为驱动力。

1. 云计算的发展历史

云计算的发展历史一共可以分为 3 个阶段：云计算的起源阶段（又称为能效计算阶段）、云计算的发展阶段（又称为网格计算阶段）和云计算的成熟阶段。

（1）云计算的起源阶段

云计算发展的早期阶段需要追溯到 1961 年，美国计算机科学家提出"计算资源应该可以成为一种重要的新型工业基础设施，可以像电话、水力、电力一样成为公用设施"。1969 年，美国国防部高级研究计划局的首席科学家伦纳德·克兰罗克表示："现在，计算机网络还处于初级阶段，但是随着网络的进步和复杂化，我们将可能看到'计算机应用'的扩展……"这个阶段的云计算更准确地说还处于效能计算阶段。

（2）云计算的发展阶段

任何科学技术的演进都离不开业务驱动。从计算机的效能计算模型提出到 20 世纪 90 年代，受限于提供计算力的介质的缓慢发展，效能计算模型的演进经历了几乎停滞的阶段。后来随着各行各业的发展对计算力的强劲需求及计算机和互联网的普及，人们在效能计算的基础之上提出了网格计算这一新型的计算力提供模型。具体来说，就是由一个集中控制系统把一些本身非常复杂的任务划分为大量更小的计算片段任务，然后把这些由大化小的计算任务分配给许多联网参与计算的独立计算机进行并行处理，最后再将这些计算结果综合起来得到最终的结果，并输出返回之前的集中控制系统。网格计算模型的优势在当时是非常明显的，它可以提供稀缺的计算力资源的共享，通过分布式的计算在多台联网的计算机上平衡计算负载，从而提供较大规模的整体计算力。这种计算提供模型可以在当时的条件下为各企业解决以前难以处理的问题，在满足企业用户需求的同时降低企业计算机资源拥有和管理总成本。

（3）云计算的成熟阶段

网格计算模型是通过拥有计算能力的节点之间自发形成联盟来共同解决大规模计算的问题的。从本质上看，这是一次对基础 IT 资源联合共享模式的进一步探索。但是，网格计算能解决的大规模计算问题其实有很多局限性和前提条件。如果一些大型企业的关键性业务需要长期面对大规模计算的难题，那么这些企业往往需要与提供大规模、高可靠计算的企业签订商业服务合同。这时，我们会发现我们需要一种新型的、标准工业化的计算力服务提供模型。

以云计算为代表的新型计算力服务提供模型的很多特点，使其有别于效能计算模型和网格计算模型，也正是这些特点把云计算这一计算力服务模型应用到数据信息通信技术（Data Information Communication Technology，DICT）等多个领域。

① 虚拟化技术。虚拟化技术是云计算的根基，包含服务器资源虚拟化和应用程序虚拟化两种基本类型。服务器资源虚拟化技术主要通过将有一定差异的物理服务器硬件（内存、硬盘、网卡）分别在逻辑上抽象为各类虚拟资源，实现对底层异构物理硬件的差异性屏蔽，最大限度地降低上层业务应用对底层资源环境的依赖和耦合度，为大规模服务器资源的“池化”提供了先决条件；应用程序虚拟化是指将一台主机上的应用程序分享给大量用户使用，虽然上载到云端的应用程序需要高端虚拟机来运行，但由于访问用户数量众多，可以分摊成本。

② 分布式数据库技术。把众多的服务器资源集中组成计算集群之后，出现了两个难题：第一个难题是管理系统的全局同步和统一；第二个难题是如何把需要计算的

信息素材和计算后的结果进行统一存储。分布式数据库技术的出现和成熟促使我们可以把一个逻辑上统一的巨大信息体，存储在一个逻辑上统一但物理上分离的分布式数据库的物理存储硬件之中，再由该分布式数据库管理软件负责数据的统一调度和数据的分区存放。

③ 高并发、高可靠的管理软件技术。如果各类资源的"池化"是当代云计算实现的先决条件，那么对各类资源的管理和调度将是云计算算力服务模型能否为各行各业提供基础算力的关键。其中，各行业私有云中的 OpenStack 云管系统和世界上领先的公有云服务商自研的云资源管理系统的成熟，解决了云计算算力服务模型中对"池化"资源进行高并发、高可靠性管理与调度的难题。

2. 云计算的未来趋势

云计算典型架构是大量的服务器部署在数据中心（Data Center，DC）机房中，集中提供计算、存储能力。早期的终端应用主要是 C/S[1] 架构，终端发出访问或使用请求，通过承载网、骨干网各节点的交换机、路由器，直达 DC 机房，服务器处理完毕返回数据，终端收到数据后，通过应用浏览器引擎解析与展示。这个阶段服务器中唯一可编程的元件是中央处理器（Central Processing Unit，CPU）。

进入 4G 时代，移动终端应用百花齐放，例如，搜索引擎、大数据处理、人工智能领域的应用不断兴起，数据中心的计算服务器无法满足大量计算能力的需求，分布式架构成为必然。图形处理单元（Graphics Processing Unit，GPU）逐渐成为计算的中心，最初 GPU 是用来做功能强大的实时图形处理的，现在其凭借优秀的并行处理能力，已经成为各种加速计算任务的理想选择，GPU 成为人工智能、深度学习和大数据分析应用的关键。在过去的 10 年中，计算已经不仅仅局限在个人计算机和服务器内，CPU 和 GPU 已经被广泛地用于各个新型超大规模数据中心。

在存储能力方面，固态盘（Solid State Disk，SSD）技术的出现，解决了硬盘驱动器（Hard Disk Drive，HDD）于物理磁盘寻道时延的极限问题。SSD 由 Flash 器件和控制器组成，读写速度极快，配合专为非易失性存储设计的非易失性内存主机控制器接口规范（Non-Volatile Memory Express，NVMe）和基于架构的非易失性内存（NVMe over Fabrics，NVMeoF），网络带宽、时延和服务质量（Quality of Service，QoS）优化势在必行。

1　C/S：Client/Server，客户 / 服务器。

同时，服务器上应用和数据的备份、容灾和热迁移需求不断增长，给数据中心原有的南北向（C/S）和东西向（内部节点之间）流量带来了巨大的变化，原有的松耦合带来的承载网络流量瓶颈逐步显现。

2016 年，硅谷创业公司 Fungible 最先提出数据处理单元（Date Processing Unit，DPU）的概念，目前 DPU 尚无权威定义。

DPU 已成为以数据为中心的加速计算模型的第三个计算单元。CPU 用于通用计算，GPU 用于加速计算，而数据中心中传输数据的 DPU 则用于数据处理。

3. 云计算的发展驱动力

回顾了云计算近 60 年的发展历程之后，无论是梳理云计算的发展脉络，还是整理近年来云计算进一步演进到边缘计算，这个过程中唯一不变的就是云计算发展的驱动力。它主要分为两个方面，即商业驱动力和技术驱动力，同时这也是任何技术不断向前发展和进化的两大核心因素。

商业驱动力包括容量规划、降低成本、组织灵活性。

技术驱动力包括集群化、网格计算、虚拟化及其他相关技术（例如，IP 网络与架构、数据中心技术、互联网技术、多租户技术、服务技术）。

1.4.2　边缘计算

边缘计算并非 5G 时代的产物，边缘计算的概念是在网格计算、云计算、雾计算之后提出的，已经有十多年的历史，并且随着技术和业务的发展而不断升华和变革。

2014 年 9 月，欧洲电信标准化协会（European Telecommunications Standards Institute，ETSI）提出，MEC 将计算能力从移动网络的网络数据中心迁移到无线接入网（Radio Access Network，RAN）边缘。

2017 年 1 月，第三代合作伙伴计划（3rd Generation Partnership Project，3GPP）提出，为了降低端到端时延及回传带宽实现业务应用内容的高效分发，MEC 需要为电信运营商及第三方业务应用提供更靠近用户的部署及运营环境。

随着 5G 网络的逐步成熟，业界对于 5G 商业模式的探讨越来越多，学术界、产业界及政府部门都极其关注 MEC，各方都逐步认识到 MEC 将成为 5G 时代驱动各行各业变革的重要解决方案，MEC 将成为新的业务增长点。

MEC 具有分布式架构，相比于集中部署、离用户侧较远的云计算服务，MEC 是在更接近用户或数据源的网络边缘侧，融合网络、计算、存储、应用能力的新的网络架构和开放平台。

1. 边缘计算的典型结构

边缘计算的典型结构被划分为 3 层，即基础设施、运行环境和各类应用。

各类应用提供者是来自各行各业的企业。在边缘计算整体方案中，它们专注于自身业务逻辑的高效和完善，同时关注如何低成本、广覆盖、高可用、便捷地发布、组织和交付其业务逻辑。因此，这一层的典型参与者是各类行业信息化应用提供商和部分行业内软件即服务（Software as a Service，SaaS）/ 平台即服务（Platform as a Service，PaaS）提供商。

运行环境层是随云计算技术及其商业模式的发展而壮大的，建立在传统的物理设施之上，封装了部分基础设施的复杂性细节，同时对应用提供部分必要的能力调用支持和通用服务。来自各类应用层的关注也推动了运行环境层的技术发展，促使云计算服务提供商不断跟进并向用户提供多种形态的资源服务。因此，运行环境层的典型参与者是云服务提供商，它们主要以 SaaS/PaaS/ 基础设施即服务（Infrastructure as a Service，IaaS）的形式提供云资源服务，同时可提供部分通用能力支持供用户调用。

基础设施层主要是服务器硬件和网络设施，参与者是网络运营商及云服务提供商：网络运营商提供有线或无线的网络连接服务，部分网络运营商同时也提供 PaaS/IaaS 形式的资源服务；云服务提供商则以数据中心为核心，依托大量服务器资源和数据中心网络，提供 SaaS/PaaS/IaaS 形式的云资源服务。

2. 边缘计算与云计算的关系

边缘计算的定义和内涵在业界一直没有形成定论，但业界普遍认同边缘计算是在网络边缘提供计算服务的，这也导致边缘计算与传统的云计算存在较大的差异。但是传统云计算和边缘计算并不是对立的，两者之间不是替代关系，而是互补协同关系。它们需要通过紧密协同才能更好地满足各种需求场景的匹配，从而把彼此的应用价值发挥到最大。

边缘计算凭借"边缘"的特性，可以更好地支撑云端的应用，而云计算则能够基于大数据分析，完成边缘节点无法胜任的计算任务，助力边缘计算更加满足本地化的需求。业界对此也有一个形象的说法，即边缘计算是在网络的边缘部署的云计算服务。

1.4.3　端计算

端计算即使用用户终端（例如，计算机、手机和物联网终端设备）实现的计算模式。进入 5G 时代，用户终端设备计算能力越来越强，终端能够对采集的数据进行实时处理，叠加本地优化控制、故障自动处理、负荷识别和建模等操作。在与网络连接后，用户终端设备可以把加工汇集后的高价值数据与云端进行交互，在云端进行全网的安全和风险分析、大数据和人工智能的模式识别、节能和策略改进等操作。同时，如果遇到网络覆盖不到的情况，用户终端设备可以先在边缘侧进行数据处理，当有网络时再将数据上传到云端，在云端进行数据存储和分析。当前能提供边缘计算的终端主要有以下 4 种。

1. 无人机 5G 机载边缘计算终端

无人机行业应用面临的痛点之一就是需要在后期手动回收数据，不能实时回传和处理。使用边缘计算终端后，面对复杂的数据采集环境、多样的数据通信协议、海量的原始数据及不同的数据流向需求，边缘计算可以通过功能模块组合，轻松地搭建集数据采集、协议解析、数据分析、数据转发为一体的边缘计算应用，满足工业生产、城市监控的大多数物联网场景的通用需求。

2. 边缘计算车载物联网智能终端

该终端包括集成处理器、全球导航卫星系统模块、通信模块、液晶显示和按键语音模块，可运行多款应用软件，支持精确定位、数采数传、路径导航、车辆监控等功能。由于有边缘计算技术的支持，采集到的数据可以尽量无时延地反馈，方便观测和维护。

3. 工业级边缘计算终端

该终端面向工业现场设备接入、数据采集、设备监控，具有强大的边缘计算功能，能为边缘节点服务提供强劲的计算资源，并有效分担云端负荷。企业通过该边缘计算终端，可以轻松实现远程自定义配置、远程部署、网关状态监控等。

工业级边缘计算终端还可以实现以下功能：支持远程管理，支持网络自恢复；

支持数据多路转发和第三方平台接入；支持多链接并发数据采集；支持在物联网边缘节点实现数据优化、实时响应、敏捷连接、模型分析等业务，有效分担云端计算资源，支持多台设备同时接入。

4. 边缘计算环境监测和预警终端

该终端可采集风速风向、能见度、温湿度、大气压、水位、波浪、PM10 等环境数据，支持并自适应主流的环境数据传感器，经过处理可在本地液晶显示屏上显示，并将这些数据通过网络上传到指定的服务器。

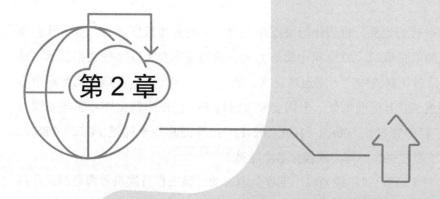

第 2 章

算力调度关键技术

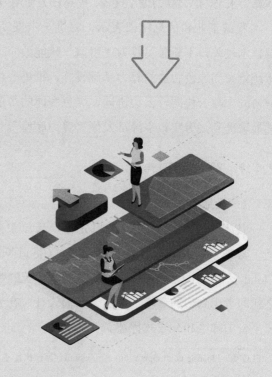

2.1 算力基础设施

随着数字时代的到来，算力作为重要生产力，成为支撑数字经济、数字社会和数字政府发展的重要基础。2022 年中国算力大会新闻发布会上发布的数据显示，算力作为数字经济时代新的生产力正迅速发展。截至 2021 年年底，我国在用数据中心机架总规模超过 520 万标准机架，平均上架率超过 55%；在用数据中心服务器规模达 1900 万台，存储容量达 800EB（1EB=1024PB）；算力总规模超过 140EFLOPS[1]，近 5 年年均增速超过 30%，算力规模排名全球第二。

2022 年 2 月 17 日，"东数西算"工程全面启动。该工程首次将算力资源提升到基础资源的高度，统筹布局建设全国一体化算力网络国家枢纽节点，助力我国全面推进算力基础设施化。

"东数西算"工程全面启动，有力推进了全国算力"一张网"建设。"东数西算"工程旨在推动数据中心合理布局、优化供需、绿色集约和互联互通，有利于提升国家整体算力水平，扩大算力设施规模，提高算力使用效率，实现全国算力规模化、集约化发展。

我国工业和信息化部表示，将进一步推动算力基础设施建设，加快推进核心关键技术攻关，不断激发算力"引擎"赋能效应。在推动算力基础设施建设的基础上，将统筹布局绿色智能的算力基础设施，推进一体化大数据中心体系建设，加速打造数网协同、数云协同、云边协同、绿色智能的多层次算力设施体系，实现算力水平的持续显著提升，夯实数字经济发展"算力底座"。

2.1.1 算力底座

1. 云原生

技术的变革，一定是思想先行，云原生是一种构建和运行应用程序的方法，是一套技术体系和方法论。云原生（Cloud Native）是一个组合词，Cloud+Native：Cloud 表示应用程序位于云中，而不是传统的数据中心；Native 表示应用程序从设计之初即考虑到云的环境，原生为云而设计，在云上以最佳姿势运行，充分利用和发挥云平台的弹性和分布式优势。

1　FLOPS：Floating point Operations Per Second，每秒执行浮点操作数。

（1）云原生定义

2015 年，云原生计算基金会（Cloud Native Computing Foundation，CNCF）成立，把云原生定义为容器化封装＋自动化管理＋面向微服务；2018 年，CNCF 又更新了云原生的定义，在其中加入了服务网格和声明式应用程序接口（Application Programming Interface，API）。

总而言之，符合云原生架构的应用程序应该是：采用开源堆栈（K8S＋Docker）进行容器化，基于微服务架构提高灵活性和可维护性，借助敏捷方法、DevOps 支持持续迭代和运维自动化，利用云平台设施实现弹性伸缩、动态调度、优化资源利用率。

（2）云原生的意义

在传统的软件开发模式中，使用云计算平台与使用物理机并没有太大的区别，没有充分发挥利用云平台的能力，这在一定程度上导致了资源的浪费。云原生可解决这类问题，将云计算平台的优势发挥到极致。

让企业应用能够利用云平台实现资源的按需分配和弹性伸缩，是云原生应用重点关注的方面。它要求云原生应用具备可用性和伸缩性，以及自动化部署和管理能力，可随处运行，并且能够通过持续集成、持续交付提升研发、测试与发布的效率。云原生应用并未完全颠覆传统的应用，采用云原生的设计模式可以优化和改进传统应用模式，使应用更加适合在云平台上运行。

云原生存在的意义是解放开发和运维的工作，而不是让其变得更加复杂和繁重。云原生也关注规模，分布式系统应该具备将节点进行水平扩展的能力，能轻易地扩展到成千上万的规模，并且这些节点具备多租户和自愈能力。云原生使应用本身具备"柔性"，即拥有面对强大压力的缓解能力及压力过后的恢复能力。

2. 无服务器计算

（1）定义

无服务器计算是一种云服务，不是不需要服务器（无服务器字面上的意思是不用去管服务器），而是立足于云基础设施之上建立新的抽象层，仅使用完成任务所需的非常精确的计算资源来执行开发人员编写的代码。当触发代码的预定义事件发生时，无服务器平台执行任务。

（2）技术优势

① 敏捷：开发人员在使用服务器时不部署、不管理或不扩展服务器，因此组织

可以放弃基础设施管理，这极大地减少了操作开销。无服务器与微服务架构高度兼容，也带来了显著的敏捷性优势。

②可伸缩性：无服务器升级和添加计算资源不再依赖于 DevOps 团队。没有服务器的应用程序可以快速、无缝地自动扩展，以适应流量峰值；反之，当并发用户数量减少时，这些应用程序也会自动缩小规模。

③计费模式：在使用无服务器平台时，只为需要的计算资源付费。无服务器架构引入了真正的按次付费模式，即用户只在执行某个功能时才付费。

④安全：无服务器架构提供了安全保障。由于该组织不再管理服务器，分布式拒绝服务器（Distributed Denial of Service，DDoS）攻击的威胁性要小得多，而且无服务器架构的自动扩展功能有助于降低此类攻击的风险。

无服务器计算并不只是尖端科技公司的小众解决方案，它正在改变开发者部署和管理复杂软件的方式，对企业如何交付应用程序有着巨大的影响。其中一个有趣的领域是物联网应用，它涉及数十亿计的终端设备同时使用计算资源。随着成本节约和效率提高，无服务器计算将成为大规模采用此类技术的关键。

3. 存算一体

随着 AI 计算、自动驾驶和元宇宙进入行业快车道，全社会巨大的算力需求正在催生新的计算架构。存算一体架构与冯·诺依曼架构相比具有的最大优势是超高的算力和能效比，是更适合 AI 计算的架构。

传统架构下，数据的存储和计算是分开的，处理器与存储器之间通过数据总线进行数据交换。但由于处理器和存储器的内部结构、工艺和封装不同，二者的性能也存在很大的差别。从 1980 年开始，处理器和存储器的性能差距不断拉大，存储器的访问速度远远跟不上 CPU 处理数据的速度，这就在存储器和处理器之间形成了一道"存储墙"，严重制约了芯片的整体性能提升。

由于处理器和存储器的分离，在处理数据的过程中，首先需要通过总线将数据从存储器搬运到处理器，处理完成后，再将数据搬运回存储器存储。数据在搬运过程中的能耗是浮点运算的 4 ～ 1000 倍。随着半导体工艺的进步，虽然总体功耗下降，但是数据搬运所占的功耗比越来越大。研究显示，在 7nm 时代，访存功耗和通信功耗之和占据芯片总功耗的 63% 以上。

由于"存储墙"和"功耗墙"两种问题的存在，传统的架构已经不再适应以大数据计算为主的人工智能物联网场景，因此新型计算架构应运而生。

2.1.2　泛在算力分布

1. 边缘计算

1）通用架构

（1）终端层

终端层由各种物联网设备（例如，传感器、射频识别技术标签、摄像头、智能手机等）组成，主要完成收集原始数据并上报的功能。在终端层中，只考虑各种物联网设备的感知能力，而不考虑它们的计算能力。终端层的数十亿台物联网设备源源不断地收集各类数据，以事件源的形式作为应用服务的输入。

（2）边缘计算层

边缘计算层是由网络边缘节点构成的，广泛分布在终端设备与计算中心之间，它可以是智能终端设备本身，例如智能手环、智能摄像头等，也可以被部署在网络连接中，例如网关、路由器等。显然，边缘节点的计算和存储资源的差别很大，并且边缘节点的资源是动态变化的，例如，智能手环的可使用资源是随着人的使用情况动态变化的。因此，如何在动态的网络拓扑中对计算任务进行分配和调度是值得研究的问题。边缘计算层通过合理部署和调配网络边缘侧的计算和存储能力，实现基础服务响应。

（3）云计算层

在云边计算的联合式服务中，云计算仍然是最强大的数据处理中心之一，边缘计算层的上报数据将在云计算中心进行永久性存储，边缘计算层无法处理的分析任务和综合全局信息的处理任务也仍然需要在云计算中心完成。另外，云计算中心还可以根据网络资源分布动态调整边缘计算层的部署策略和算法。

2）边缘计算参考框架 3.0

边缘计算参考框架 3.0 如图 2-1 所示。

除了 Linux 基金会，边缘计算产业联盟也于 2018 年 12 月发布了《边缘计算白皮书 3.0》，并提出了边缘计算参考构架 3.0（以下简称"边缘框架 3.0"）。边缘计算产业联盟认为，边缘计算服务框架需要达成的目标有以下几个：对物理世界具有系统和实时的认知能力，在数字世界进行仿真和推理，实现物理世界与数字世界的协作；基于模型化的方法在各产业中建立可复用的知识模型体系，实现跨行业的生态协作；

系统与系统之间、服务与服务之间等基于模型化接口进行交互，实现软件接口与开发语言、工具的解耦；框架应该可以支撑部署、数据处理和安全等服务的全生命周期。

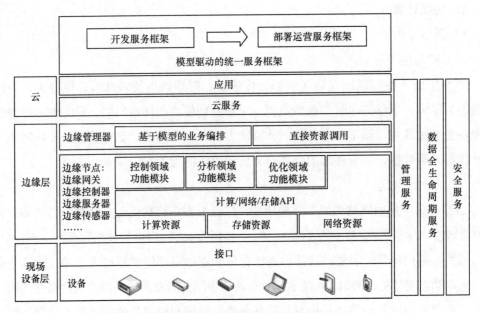

图 2-1　边缘计算参考框架 3.0

边缘框架 3.0 具有贯通整个框架的基础服务层，其中安全服务和管理服务的功能与 EdgeX Foundry 类似，数据全生命周期服务提供了对数据从产生、处理到消费的综合管理。从纵向结构来看，最上侧是模型驱动的统一服务框架，它能够实现服务的快速开发和部署。下侧按照边缘计算通用架构分为现场设备层、边缘层和云，边缘层又划分为边缘节点和边缘管理器两个层次。边缘节点的形式、种类是多种多样的，为了解决异构计算与边缘节点的强耦合关系，降低物理世界带来的结构复杂性，边缘节点层中的设备资源被抽象为计算、网络和存储 3 种，使用 API 实现通用的能力调用，控制、分析与优化领域功能模块实现上下层信息的传输和本地资源的规划。边缘管理器则使用模型化的描述语言帮助不同角色使用统一的语言定义业务，实现智能服务与下层结构交互的标准化。根据功能，边缘框架 3.0 提供了 4 种开发框架：实时计算系统、轻量计算系统、智能网关系统和智能分布式系统，覆盖了从终端节点到云计算中心链路的服务开发。

2. 端计算

目前，计算上云是趋势。未来客户端越做越轻量，将主要的计算能力放到云上解决。像 3D 游戏这种极端依赖客户端硬件能力的应用也可以上云。随着通信技术的进一步发展，游戏上云、App 上云后将有商业化产品出现。虽然趋势如此，但是端计算依然有两大优势是云计算无法替代的：一是算力经济性，二是数据完备性。

从算力经济性角度看，端设备硬件的算力逐渐增多。在一般使用场景下，算力其实是过剩的。同时，频繁、大数据量的通信，无论是对用户还是对运营组织，都存在一定的成本。云计算与端计算未来会因经济性和体验在适用场景上达到平衡。这是整体计算经济性最优的结果。

从数据完备性角度看，端上采集的永远是第一手数据，无论是数据维度还是数据量都较大。这些数据的传输，以及在云上还原用户上下文场景都需要巨大的算力。云端获得数据前，需要端上处理、清洗数据。云端数据始终存在人为的信息丢失、修改情况。可计算性依赖数据完备性。另外，出于对响应、算力的考虑，有些计算场景放到端上计算更合适，特别是一些需要大量、复杂用户上下文数据参与的场景。此外，未来隐私合规升级，数据传输到云上会更为谨慎。为了保证一些服务的可持续运行，需要提供端计算的适配方案。

在服务端和客户端都满足数据完备性，且客户端提供计算动态性支持的情况下，其实选用哪个方案没有本质区别，只是对性能、体验、成本，以及稳定性等方面进行综合性考虑。例如功能即服务（Function as a Service，FaaS）可以使用云计算实现，也可以使用端计算实现。

（2.2）网络关键技术

2.2.1　时间敏感网络技术

现场边缘计算场景对网络提出了异构终端接入需求、确定性时延及带宽需求、可靠连接性需求、跨域协同和管理、安全需求等。为了满足上述需求，可以将边缘计算和时间敏感网络（Time Sensitive Network，TSN）相互结合，实现现场网络的运营技术（Operational Technology，OT）和信息技术（Information Technology，IT）融合。

TSN 是指 IEEE 802.1 工作组中的 TSN 任务组正在开发的一套协议标准，TSN 仅指数据链路层的标准。该标准定义了以太网数据传输的时间敏感机制，为标准以太网增加了确定性和可靠性，以确保以太网能够为关键数据的传输提供稳定一致的服务。

随着 IT 与 OT 的不断融合，市场对于统一网络架构的需求变得较为迫切，而工业物联网等的快速发展使这一需求变得更为迫切。但由于 IT 与 OT 对通信的需求不同，两者的融合一直存在着不小的障碍。例如，IT 领域的数据传输需要大带宽，而 OT 领域的数据传输则更追求实时性与确定性，对大带宽需求不大，两个领域的数据无法在同一个网络中进行传输，因此需要一个全新的解决方案，于是 TSN 应运而生。

TSN 技术是由以太网音视频桥接技术演进而来的，其应用范围也从原来的音频、视频领域扩展到工业、汽车、制造、运输、过程控制、航空航天及移动通信网络等多个领域。TSN 由一系列技术标准构成，这些标准主要分为时钟同步、数据流调度策略（即整形器），以及 TSN 网络与用户配置、安全相关标准等。

- IEEE 802.1as 提供了可靠的、准确的网络时间同步，时间同步是提供流量时延保证的根本前提。

- IEEE 802.1qbv 将以太网数据流量划分为不同的类型，作为 TSN 在进行二层帧的转发、队列调度时的依据。

- IEEE 802.1qcc 为了让用户易于配置网络，定义了网络配置管理的相关标准。TSN 的配置模型包括全集中式配置模型、混合式配置模型及全分布式配置模型 3 种。

- IEEE 802.1cb 定义了 TSN 的可靠性，无论发生什么故障，TSN 均能强制实现可靠的通信。

时间敏感网络在互联互通、全业务高质量承载和智慧运维上具有很大的优势。在互联互通方面，传统的通用以太网具有良好的开放性和互操作性，但难以满足工业应用的高要求；传统的工业以太网可以满足工业应用的要求，但需要对网络协议进行定制化开发，另外，使用专用的硬件，只能做到专网专用，因此不同的网络之间互通性极差。相比较之下，TSN 技术由于定制了标准的、开放的二层协议，在满足确定性、可靠性工业应用需求的基础上，还能提供良好的互联互通性。在全业务高质量承载方面，TSN 为原有的工业网络架构进行扁平化融合提供了可能，同时支持不同类型的业务流在这张扁平化的工业网络上实现混合承载，TSN 中所定义的队列调度等相关机制，使为二层网络向不同等级的业务流提供差异化服务需求成为可能。在智慧运维方面，TSN 遵循 SDN 体系架构，可以基于 SDN 架构实现网络的灵活配置、管理及智能运维。

时间敏感网络目前主要满足工厂 OT 网络设备的互联互通，以及 OT 网络和 IT 网络的互联需求。下面以工业制造场景为例，介绍该场景中与 TSN 相关的 3 种应用。TSN 工业制造场景网络拓扑如图 2-2 所示。

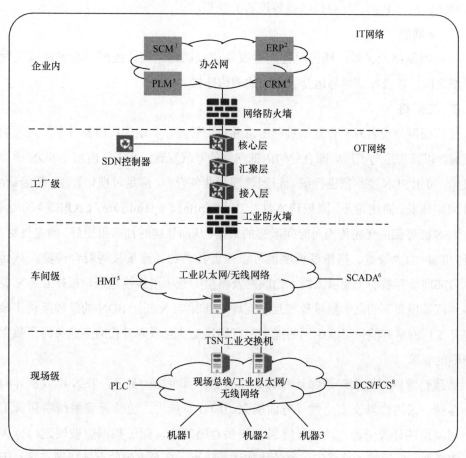

1. SCM：Software Configuration Management，软件配置管理。
2. ERP：Enterprise Resource Planning，企业资源计划。
3. PLM：Product Lifecycle Management，产品生命周期管理。
4. CRM：Customer Relationship Management，客户关系管理。
5. HMI：Human-Machine Interaction，人机交互。
6. SCADA：Supervisory Control And Data Acquisition，监控与数据采集系统。
7. PLC：Programmable Logic Controller，可编程逻辑控制器。
8. FCS：Fieldbus Control System，现场总线控制系统。

图 2-2 TSN 工业制造场景网络拓扑

1. 现场级

工业现场总线、以太网络、无线网络被大量用于连接现场检测传感器、执行器与工业控制器，实现现场设备的互联互通，产线与产线外部、车间内部网络的互联互通。现场级网络设备为 TSN 工业交换机，完成温控、电表等基础环境数据的传输，高速网络实现了 PLC、计算机终端等设备的互联。

2. 车间级

车间级网络设备以产线为单位，主要完成控制器之间、控制器与本地或远程监控系统之间，以及控制器与运营级之间的通信连接。

3. 工厂级

工厂级网络设备对整体数据进行汇总并集中管控，实现工厂内部各车间之间的互联互通，以及工厂与工厂外部企业的内部网络的互联互通。在工厂内部署 SDN 解决方案技术，可由 SDN 控制器进行统一资源管理和业务管理，满足可视化管理、智能调度，提升应用体验，简化运维，降低资本性支出（Capital Expenditure，CAPEX）的要求。

TSN 能够保证优先传输对时间敏感的数据，从而让实时性效果更好，确定性更高。此外，TSN 的大带宽、高精度调度也可以保证各类业务流量共网混合传输，从而将工厂内部现场存量的工业以太网、物联网及新型工业应用连接起来，根据业务需要实现各种流量模型下的高质量承载和互联互通。同时 TSN 基于 SDN 的管理架构将极大地提升工厂网络智能化灵活组网的能力，以满足工业互联网时代的多业务海量数据共网传输的要求。

边缘计算网络是实现边缘计算强大能力必不可少的一部分，TSN 可以从异构计算、存储、云边协同及安全性等方面增强边缘计算能力。边缘计算系统中包含了众多不同类型的计算资源，边缘计算需要提供存储能力，保证数据能被快速、持久地写入和查询，但边缘计算系统、设备往往体量较小，自身携带的存储资源有限，因此需要通过网络连接外部存储设备，TSN 可以保证数据存储与写入的及时性、可靠性和安全性。边缘计算与云计算之间存在互补关系，因此云边协同一直是边缘计算领域的热门话题，云边协同将边缘计算同样划分为 IaaS、PaaS、SaaS 等多层，然后将 EC-IaaS 与云端 IaaS 对接，实现对网络、虚拟化资源、安全等的资源协同；EC-PaaS 与云端 PaaS 对接，实现数据协同、智能协同、应用管理协同、业务管理协同；EC-SaaS 与云端 SaaS 对接，实现服务协同。

为了给业务提供更好的服务，协同工作对时延有一定的要求，在 TSN 的支持下，云边协同可以做到更加实时可靠；边缘计算除了对低时延有需求，对安全性的需求也很大，云计算距离终端用户十分遥远，具有公有的特性，往往会令终端用户担心自己的数据在云上处理是否安全。因此，边缘计算在设计之初就将安全性考虑在内，例如边缘计算的地理位置距离用户很近。尽管如此，只要数据仍需要在网络中传输，其安全性就面临着很大的挑战。而 TSN 从设计之初就带有安全属性，可以保证数据的安全传输，这在一定程度上减轻了边缘计算网络的安全负担。边缘计算在一定程度上依赖 TSN，反过来，企业在部署 TSN 后，又会促进边缘计算业务的产生和部署。在边缘计算网络中使用 TSN 标准，为有确定性、可靠性需求的业务提供了强有力的服务保障。

2015 年，因特网工程任务组（Internet Engineering Task Force，IETF）成立了确定性网络（Deterministic Network，DetNet）工作组，致力于在第二层桥接段和第三层路由段上建立确定性数据路径。这些路径可以提供时延、丢包和数据包时延变化（抖动）及高可靠性的界限，我们可以认为 DetNet 是广义的时间敏感网络技术。

2.2.2　网络切片

智慧电网场景对网络切片有需求。电力对网络的时延和安全性要求都非常高，需要支持行业提供特需级网络切片来满足其需求。移动网络和固网融合场景、园区网和电信运营商网络融合场景、现场边缘计算场景中都涉及对网络切片的需求，固移融合网络应根据业务需求，支持相应级别的网络切片接入。园区网络一般临近行业现场，支持行业普通级以上的网络切片接入。现场级网络对时延、带宽、安全性有非常高的要求，支持行业 VIP 级的切片接入。

那么什么是网络切片呢？网络切片是一种按需组网的方式，它可以让电信运营商在统一的基础设施上分离出多个虚拟的端到端网络，以适配各种类型的应用。由此隔离出来的虚拟网络在逻辑上都是相互独立的，因此一个虚拟网络发生故障不会对其他虚拟网络造成影响。

随着 5G 时代和 AI 时代的到来，各种新型应用、场景层出不穷，对网络的需求更是千差万别。云游戏、车联网等业务对时延的要求很苛刻，需要网络能在极短的时间内进行响应；4K/8K 高清视频等业务则需要大带宽，但对时延的需求没有那么苛刻；

赛事、演唱会等人流密集的地方有大连接的需求。如果要对每一种业务场景都建立一个满足其需求的网络，显然会使成本大幅增加，但用同一张网络去承载不同的业务，也很难同时满足大带宽、低时延、高可靠性等需求。因此需要一种全新的技术，例如网络切片，来灵活地匹配不同业务的多样化需求。

1. 网络切片技术的特性

网络切片技术具有以下 4 个主要特性。

- 隔离性：不同的网络切片之间互相隔离，一个切片发生异常不会影响其他切片的正常工作。

- 虚拟化：网络切片是在物理网络上划分出来的虚拟网络。

- 按需定制：可以根据不同的业务需求自定义网络切片的业务、功能、容量、服务质量与连接关系，还可以按需对切片的生命周期进行管理。

- 端到端：网络切片是针对整个网络而言的，不仅需要核心网，还需要接入网、传输网、管理网等辅助网络。

2. 网络切片分类

基于业务场景，网络切片可以分为增强型移动宽带（enhanced Mobile BroadBand，eMBB）切片、大连接物联网（massive Machine-Type Communication，mMTC）切片及超可靠低时延通信（ultra-Reliable and Low-Latency Communication，uRLLC）切片，也就是前文提到的 5G 的三大应用场景，每一类切片针对每一种场景提供对应的服务。其中，eMBB 切片为大流量移动宽带业务提供服务，例如 AR / VR、4K / 8K 高清视频等业务；mMTC 为大规模物联网业务提供服务，需要支持海量接入；uRLLC 切片为超低时延、高可靠类业务提供服务，例如自动驾驶等业务。

基于切片资源访问对象网络切片可以分为独立切片和共享切片。

- 独立切片是指拥有独立功能的切片，网络资源经过切片后，指定的用户对象群体或业务场景可以获得网络侧完整且独立的端到端网络资源和业务服务，不同切片间的资源在逻辑上相对独立，切片资源仅在相应切片内部可被调用并提供相应的服务。

- 共享切片是指切片资源可供其他不同的独立切片共享调度和使用，以提供部分可共享的业务功能和服务，提高资源的利用率。共享切片可以提供端到端功能，也可以只提供部分共享功能。

3. 网络切片整体架构

5G 网络切片整体架构如图 2-3 所示，一个完整的 5G 端到端切片至少可分为无线网子切片、承载网子切片和核心网子切片 3 个部分，这 3 个部分通过统一的网络切片管理器进行管理。

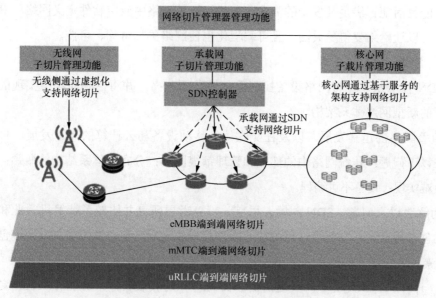

图 2-3 5G 网络切片整体架构

无线网子切片通过虚拟化支持网络切片，根据服务等级协议（SLA）需求的不同进行灵活的切片定制，主要是对协议栈功能和时频资源进行进一步的切分。

承载网子切片运用虚拟化技术，对网络的拓扑资源进行虚拟化，将传统的承载网资源划分为多个虚拟子网。每个虚拟子网逻辑独立，具有各自的管理面、控制面和转发面，以支持不同业务对网络的差异化需求。

核心网子切片把网元功能打散，用不同的网元承担不同的功能，这样网络切片就可以灵活地定制相应的功能，核心网基于服务的架构，将网络功能定义为若干个可被灵活调用的服务模块，服务模块之间使用轻量化接口通信。每种服务均可独立扩容与演进并按需部署，这种结构高内聚、低耦合，使核心网更加灵活、开放、易拓展，从而可以满足网络切片按需定制和动态部署的要求。

在边缘计算网络中使用网络切片技术，可以让不同的用户根据业务需求选择每个切片所需的特性，例如，低时延、高吞吐量、连接密度、频谱效率、流量容量和网络效率，这有助于提高创建产品和服务方面的效率，提升客户体验。

2.2.3 软件定义网络

边缘计算对网络的灵活性有强烈的需求，边缘计算业务要求网络资源可以动态调用，能灵活配置满足其多变的需求。在边缘计算网络中应用软件定义网络（SDN）技术，可以让网络变得更灵活，且可编程化也使网络更加可管、可控。

1. SDN 简介

SDN 技术是一种将网络设备控制面与转发面分离，并将控制面集中实现的软件可编程的新型网络体系架构。

随着网络的迅猛发展，以及社交媒体、移动设备和云计算的飞速发展，传统网络存在以下问题：传统网络中的部署和管理都很困难；分布式体系结构的瓶颈；流量控制很难实现；设备不可编程。

为解决以上问题，SDN 创始人尼克·麦克考恩研究并比较了计算机行业和网络行业的创新模式。在分析了计算机行业的创新模式之后，他总结了支持其快速创新的3 个因素。

- 计算机行业发现了一种通用的、面向计算的底层硬件，其能够以软件定义的方式实现计算机功能的通用处理。
- 软件定义的计算机功能方式带来了灵活的编程能力，使软件应用程序的类型呈爆炸式增长。
- 计算机软件的开源模型催生了大量的开源软件，加速了软件的开发过程，并促进了整个计算机行业的快速发展。Linux 开源操作系统就是最好的证明。

相反，传统的网络设备例如 20 世纪 60 年代的 IBM 大型机，其网络设备硬件、操作系统和应用程序紧密耦合在一起，形成一个封闭的系统。这 3 个部分是相互依赖的，并且通常属于同一个网络设备制造商。每个部分的创新和发展都需要其余部分进行相应的升级，否则无法达到目的。这种架构严重阻碍了网络的创新和发展。如果网络行业能够像今天的计算机行业一样拥有 3 个基本要素——通用硬件、软件定义功能和开放源代码模型，那么它肯定会实现更快的创新，并最终像计算机行业一样获得空前的发展机会。在这一想法的影响下，尼克·麦克考恩的团队提出了一种新的网络架构，即 SDN。

SDN 具有开放可编程、控制面和数据面分离、集中控制等特点。

- 开放可编程：SDN 建立了新的网络抽象模型，为用户提供了一套完整的通用 API，使用户可以在控制器上对网络进行编程，实施控制和管理，从而加快了网络服务部署和创新的过程。

- 控制面和数据面分离：这里的分离是指控制面和数据面的解耦，即控制面和数据面可以单独存在，不再相互依赖，它们可以独立完成各自架构的演变。控制面和数据面分离是 SDN 体系结构与传统网络体系结构不同的重要指标。

- 集中控制：分布式网络的集中统一管理。在 SDN 架构中，控制器收集并管理所有网络状态信息，集中控制为软件定义网络提供了架构基础。

在这 3 个特点中，控制面和数据面分离为集中控制创造了良好的条件。集中控制为开放可编程提供了架构基础，而网络的开放可编程是 SDN 的核心特征。

2. SDN 架构

一般情况下，通用的 SDN 体系架构主要包括应用层、控制层和基础设施层。SDN 体系架构如图 2-4 所示。

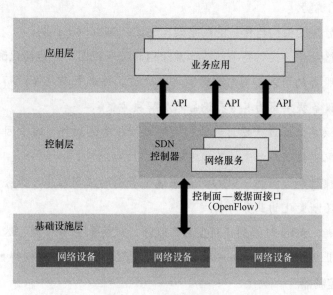

图 2-4　SDN 体系架构

其中，应用层与控制层之间通过北向接口连接；控制层与基础设施层之间通过南向接口连接，说明如下。

- 应用层实现相应的网络功能应用。这些应用程序通过 SDN 控制器的北向接口实现对网络数据面设备的配置、管理和控制。
- 北向接口是 SDN 控制器和网络应用程序之间的开放接口，它为 SDN 应用程序提供了通用的开放编程接口。
- SDN 控制层是 SDN 的"大脑"，也被称为网络操作系统。控制器不仅需要通过北向接口为上层网络应用程序提供不同级别的可编程性，还需要通过南向接口统一配置、管理和控制 SDN 数据面。
- 南向接口是 SDN 控制器和数据面之间的开放接口。SDN 控制器通过南向接口控制数据面实现网络行为，例如数据面转发，主要协议是 OpenFlow、网络配置协议（Network Configuration Protocol，NETCONF）和开放虚拟交换机数据库（Open vSwitch Database，OVSDB）。

SDN 数据面包括基于软件和硬件实现的数据面设备。数据面设备通过南向接口从控制器接收指令，并根据这些指令执行特定的网络数据处理。同时，SDN 数据面设备还可以通过南向接口将网络配置和运行时的状态反馈给控制器。

3. SDN 的优势

SDN 转控分离的架构与传统的网络架构相比，具有以下优势。

- 提供网络结构：提供整个网络体系结构的统一视图，并能简化配置、管理。
- 加快新服务的引入：网络运营商可以通过软件部署新功能，而不必像以前那样等待设备提供商为其专有设备添加解决方案。
- 降低错误率：通过开发自动执行网络管理任务的组件，减少因操作人员和技术人员配置错误而产生的不稳定现象。
- 提高敏捷性和灵活性：SDN 可以快速部署新的应用程序、服务和基础架构，以满足不断变化的业务需求。
- 促进创新：SDN 能够创建新型应用程序、服务和业务模型，这些应用程序、服务和业务模型可以为客户提供新的收入流，并从网络中获得更大的价值。

4. SDN 控制器

SDN 控制器是 SDN 体系结构的重要组成部分，是 SDN 的"大脑"。SDN 控制器的性能表现会直接影响网络的性能。自 SDN 发展以来，不同的组织引入了不同的控制器。下面简要介绍这些控制器。

（1）NOX

NOX 是 SDN 开发的第一个控制器，由 Nicira 公司开发。作为世界上第一个 SDN 控制器，NOX 在 SDN 开发的早期被广泛使用。NOX 的底层架构是用 C++ 语言编写的，支持 OpenFlow 1.0 版本协议，但对开发人员的要求更高，开发成本也更高。为了解决这个问题，Nicira 公司推出了 POX。

（2）POX

POX 是基于 Python 语言开发的，代码相对简单，更适合初学者，因此 POX 迅速成为 SDN 开发初期最受欢迎的控制器之一。POX 是绿色软件（指软件对系统没有任何改变，除了软件安装目录，不往注册表、系统文件夹等任何地方写入任何信息），无须下载即可使用。Python 语言支持多种平台，因此 POX 也支持多种操作系统，例如 Linux、Mac OS 和 Windows。在功能方面，POX 的核心功能与 NOX 的核心功能一致。另外，POX 提供了基于 Python 语言的 OpenFlow API 和一些可复用的模块，例如拓扑发现。

（3）RYU

RYU 也是基于 Python 语言开发的，具有独特的编码风格、清晰的模块和强大的可扩展性。它不仅支持 OpenFlow 1.0 协议到 OpenFlow 1.5 协议，还支持其他南向协议，例如 OF-Config、OVSDB 和 NETCONF。RYU 可以用作 OpenStack 的插件，支持与开源入侵检测系统 Snort 的协同合作，也支持使用 ZooKeeper 实现高可用性。在内置应用程序方面，RYU 源代码已经包含了许多基本应用程序，例如，二层交换、路由、最短路径和防火墙等。

（4）Floodlight

由 Big Switch Networks 公司开发的 Floodlight 控制器用 Java 语言编写，遵循 Apache v2.0 许可证。由于其具有出色的稳定性能，被称为企业级 SDN 控制器。Floodlight 可以满足商业应用的需求，已被学术界和工业界广泛采用，成为目前最受欢迎的 SDN 开源控制器之一。

（5）OpenDaylight

OpenDaylight 是一个高度可用的、模块化的、可伸缩的、多协议的支持控制器平台。它是一个基于 Java 语言开发的控制器。OpenDaylight 支持各种南向协议：OpenFlow 1.0

和 OpenFlow 1.5、NETCONF 和 OVSDB。

（6）ONOS

开放网络操作系统（Open Network Operating System，ONOS）是一个专注于服务提供商网络的开源 SDN 控制器。该平台用 Java 语言开发，并使用开放服务网关协议进行功能管理。

5. SDN 工作流程

以基于 OpenFlow 的 SDN 工作流程为例，SDN 与交换机建立好通信机制后便开始工作。SDN 工作流程如图 2-5 所示。

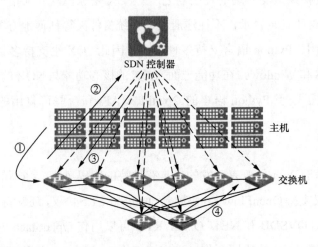

图 2-5　SDN 工作流程

- 主机向网络发送数据包。
- 如果在 OpenFlow 交换机流表中没有匹配项，则交换机将 Packet_in 发送到控制器。
- 控制器将流条目或 Packet_out 发送到交换机。
- 交换机根据流表转发数据包。

在传统的 IT 体系结构中，如果服务需求发生变化，则需要重新配置相应的网络设备（例如路由器、交换机、防火墙）。在互联网或移动互联网时代瞬息万变的商业环境中，灵活性和敏捷性变得更为重要。SDN 的作用是将控制功能与由中央控制器管理的网络设备分离，而不依赖底层网络设备（例如路由器、交换机、防火墙）。底层控制是完全开放的，用户可以定义要实施的任何网络路由和传输规则策略，从而使它们更加灵活和智能。

SDN 目前在产业界受到欢迎，电信运营商和通信服务提供商都加大相关方向的部署力度，希望能发挥 SDN 的优势，帮助新服务快速部署，实现高度的网络自动化和动态更新，从而降低运营成本。

2.2.4　网络功能虚拟化

传统的通信网元采用软件和硬件结合的构造方式，这种网元设备可靠性高，性能强大，但是这种垂直一体化的封闭架构也带来了相应的问题，例如研发周期较长、扩展性受限、不利于网络的快速迭代等。传统的网元设备一旦部署，后续的更新改造就会受制于设备制造商。这就导致了 CAPEX 和营运资本（Operating Expense，OPEX）居高不下，对于有着灵活多变需求的边缘计算网络来说，这无疑是一个很难突破的问题。因此，我们希望在边缘计算网络中利用网络功能虚拟化（NFV）技术打破这个垂直封闭的架构，将网络能力开放出来，更好地为边缘计算的业务服务。

1. NFV 的基本架构

NFV 能够将传统电信设备的功能，通过软件的形式部署在通用服务器上，实现网络功能和硬件设备解耦。此外，NFV 结合 IT 虚拟化技术，使用虚拟化的方式统一管理底层硬件资源，再将抽象后的资源交付给上层网络功能使用，以达到业务灵活部署和降低整体成本的目的。

NFV 技术的实现得益于商用部件法（Commodity-Off-The-Shelf，COTS）计算技术、虚拟化技术和云计算技术的发展。虚拟化技术可以将通用的 COTS 计算、存储、网络硬件设备划分为多种虚拟资源，并在其上部署所需的网络功能。通过云计算技术，实现应用的弹性伸缩，从而使资源和业务负荷相匹配，既提高了资源的利用效率，又保证了系统的响应速度。

NFV 基本架构如图 2-6 所示。

NFV 架构与计算资源虚拟化类似，主要包括 3 个层次的内容，从下往上分别为 NFV 基础设施层、NFV 虚拟网络层、NFV 运营支撑层。详细说明如下。

- **NFV 基础设施层**：主要包含多种物理资源，负责底层物理资源的虚拟化，为虚拟网络功能（Virtual Network Function，VNF）部署、管理和执行环境，以及实现对网络功能虚拟化基础设施（NFV Infrastructure，NFVI）的管理和监控。

- NFV 虚拟网络层：主要包括 VNF、网元管理系统（Element Management System，EMS）和虚拟化网络功能管理器（Virtualised Network Function Manager，VNFM），其中，VNF 是能够在 NFVI 上运行的网络功能的软件实现；EMS 是 VNF 的网元管理系统，提供网元管理功能；VNFM 是 VNF 管理系统，负责 VNF 生命周期管理。

- NFV 运营支撑层：主要实现对业务的编排、运维与管理，主要包括运营支撑系统（Operation Support System，OSS）/ 业务支撑系统（Business Support System，BSS）和网络功能虚拟化编排器（Network Function Virtualization Orchestrator，NFVO）。其中，OSS/BSS 实现与 NFVO 的交互，完成维护与管理功能；NFVO 负责跨虚拟化基础设施管理器（Virtualised Infrastructure Manager，VIM）的 NFVI 资源编排及网络业务的生命周期管理和编排。

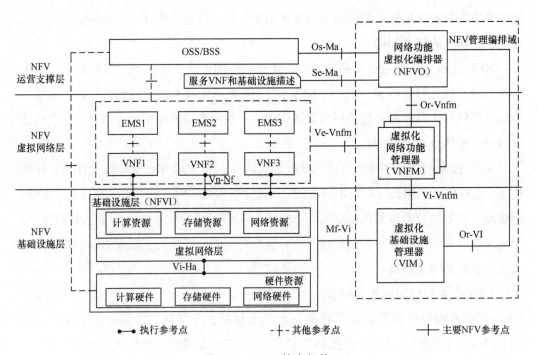

图 2-6　NFV 基本架构

2. NFV 的目标

NFV 希望实现的目标如下。

- 与专用硬件实施方案相比，NFV 能提高资本效率。这是使用 COTS 硬件（即通用服务器和存储设备）并通过软件虚拟化技术提供网络功能来实现的，这些网络功能被称为虚拟网络功能。共享硬件并减少网络中不同硬件体系结构的数量，也有助于实现 NFV 的这一目标。
- 实现 VNF 灵活、动态的部署功能。这既有助于 VNF 以后的扩展，又可以在很大程度上将功能与位置分离，从而使软件位于最合适的位置，例如用户端、网络交换点、中心机房、数据中心等。这可以实现时间复用，支持 Alpha、Beta 和生产版本的各种测试，并通过虚拟化增强弹性，促进资源共享。
- 通过基于软件的服务部署来快速进行服务创新。
- 通用的自动化操作程序可提高操作效率。
- 通过迁移工作负载并关闭未使用的硬件来降低功耗。
- 提供标准化、开放化的虚拟化网络功能及基础设施和关联的管理实体之间的接口，以便不同的供应商提供解耦的原件。

与当前的实践相比，NFV 在实现网络服务供应方式上有许多差异，说明如下。

- 软件与硬件分离：网络元素不再是集成的硬件和软件实体的集合，因此两者的发展彼此独立，这使软件可以独立于硬件进行开发。
- 灵活的网络功能部署：软件与硬件的分离有助于重新分配和共享基础架构资源，因此硬件和软件可以在不同时间执行不同的功能。这有助于网络运营商在相同的物理平台上更快地部署新的网络服务。
- 动态操作：将网络功能解耦到可实例化的软件组件中，可以提供更高的灵活性，以动态方式和更细的粒度（例如，根据网络运营商所需的实际流量）扩展 VNF 性能。

ETSI 于 2012 年 10 月在德国 SDN 和 OpenFlow 世界大会上发布了《网络功能虚拟化》白皮书，正式将 NFV 引入网络世界。此后，ETSI NFV 工作组以两年为一个阶段，开始逐步制定与 NFV 相关的国际标准，目前已进入第四阶段——NFV 商用落地的研究。

利用虚拟化技术，网络节点的功能可被分割成几个功能区块，分别以软件方式实现，而不再局限于硬件架构。这解决了网络设备功能过度依赖专用硬件的问题，从而降低昂贵的网络设备成本，使资源可以充分灵活地共享，实现新业务的快速开发和部署。

2.2.5　Wi-Fi 6

Wi-Fi 6 就是第 6 代 Wi-Fi。2019 年发布的 IEEE 802.11 无线局域网标准最新版本兼容了之前的网络标准，包括现在作为主流标准使用的 IEEE 802.11n/ac。电气电子工程师学会将其定义为 IEEE 802.11ax，负责商业认证的 Wi-Fi 联盟为方便宣传称其为 Wi-Fi 6。

在智能家居领域规模爆发式增长的背景下，如果要让 5G 完全替代 Wi-Fi 是不太现实的。5G 是一种在室内、室外均可以使用的移动通信技术。智能家居适用于室内的 Wi-Fi。现在通用的 Wi-Fi 5 在传输速度、节能及对海量设备的支持上，还远远不能满足智能家居发展的需求。因此亟须新一代 Wi-Fi 技术将整个家庭带入人工智能时代。

Wi-Fi 6 相比于上一代 Wi-Fi 速度更快，也更安全和省电。其主要使用了 OFDMA[1]、TWT[2]、MU-MIMO[3] 等技术，增加了网络设备，天线数量从 4×4 升级到 8×8，最高速率可达 9.6Gbit/s，相关技术说明如下。

- OFDMA：是无线通信系统中的一种多重接入技术。之前的 Wi-Fi 技术使用的是正交频分复用技术，通过频分复用实现串行数据的并行传输，当有多台设备连接时，需按照先后顺序进行处理。而 OFDMA 技术将无线信道划分为多个子信道，数据传输不会占用整个信道，因此可以实现每个时间段内多个用户的并行传输，解决了多台设备连接产生的拥塞和时延问题。

- TWT：允许路由器和设备之间协商多久唤醒设备以发送和接收数据，这样对不需要进行持续性工作的终端设备（例如智能家居设备）可以起到省电效果，减少了电池消耗，也减少了所有设备同时处于工作状态时带来的无线资源竞争。据测算，使用 TWT 技术，功耗可降低 30%，但手机、计算机等需要持续工作的设备，目前还无法受益于 TWT 技术。

- MU-MIMO 技术：指在无线通信系统中，一个基站同时服务于多个移动终端，基站之间充分利用天线的空域资源与多个用户同时进行通信。Wi-Fi 6 在上行、下行传输中都使用了 MU-MIMO 技术，这样路由器便可以同时与多个终端设

1　OFDMA：Orthogonal Frequency Division Multiple Access，正交频分多址。
2　TWT：Target Wake Time，定时唤醒。
3　MU-MIMO：Multi-User Multiple-Input Multiple-Output，多用户—多输入多输出。

备进行通信，从而提高网络速率，满足多接入需求。

5G 在室外可以取得很好的接入效果。对于室内的设备，Wi-Fi 6 可以提供更为强大的接入功能，是 5G 在室内的有效补充。Wi-Fi 6 在智慧家庭场景中的应用如图 2-7 所示。

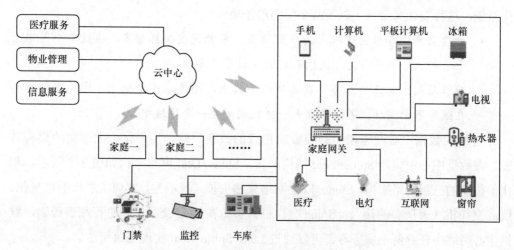

图 2-7　Wi-Fi 6 在智慧家庭场景中的应用

以智能家庭场景为例，智能家庭对设备的接入数量、电量的消耗，以及数据的安全都有很大的需求。未来一个家庭可能会有数十个甚至上百个终端需要进行网络连接。因此，在智能家庭场景中使用 Wi-Fi 6 技术可以很好地满足这些需求。

目前，我们还无法完全使用 Wi-Fi 6 技术。不过，Gartner 等机构研究的数据显示，随着 Wi-Fi 6 标准芯片和路由器的量产，Wi-Fi 6 有望被快速普及。

2.2.6　Spine-Leaf 网络架构

1. Spine-Leaf 架构简介

Spine-Leaf（脊-叶）架构也被称为分布式无阻塞网络。其架构的核心节点包括两种：第一种是 Leaf（叶）节点，其负责连接服务器和网络设备；第二种是 Spine（脊）节点，其负责连接 Leaf 交换机，保证节点内的任意两个端口之间提供时延非常低的无阻塞性能。

几年前，大多数数据中心网络基于传统的三层架构，这些架构基本是从园区网络设计中复制而来的，对于大多数具有像园区网络这样的南北配置的流量模型来说是非常实用的，而且三层网络架构应用广泛，技术成熟稳定。

数据中心的发展始终离不开数据的发展。数据中心及其网络架构始终要为数据的存储和使用服务。随着数据量的激增，电信运营商发现服务器的数量明显不足，因此在服务器层面对其做出改变。服务器虚拟化趋势越来越强，随之而来的是将原来网络和操作系统的紧耦合关系变为松耦合关系，此时的数据中心网络不再能直接感知操作系统，这种变化又带来了以下两个层面的矛盾。

- 性能层面：单台物理机上的应用增多，或者说虚拟机增多，导致单个网口上承载的数据流量增大，使原来的链路数量不足。

- 功能层面：真正的业务不在物理服务器上，而是在虚拟机上，因此虚拟机要在服务器上漂移，不能像原来一样被固定在一个区域中。

传统的数据中心网络架构必须做出相应的改变，即向扁平化、大带宽的架构转变。在数据中心中构建 Spine-Leaf 网络架构，Spine-Leaf 网络架构如图 2-8 所示。相比于传统的三层网络架构，Spine-Leaf 网络架构去掉了核心层，实现了层次的扁平化。Leaf 交换机负责所有的接入，Spine 交换机只负责在 Leaf 交换机间进行高速传输，数据中心网络中任意两个服务器都可以通过 Leaf-Spine-Leaf 实现三跳可达。

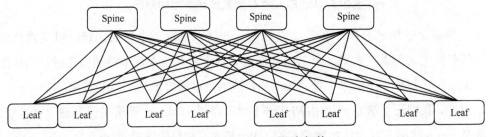

图 2-8　Spine-Leaf 网络架构

2. Spline-Leaf 网络

Spine-Leaf 网络对 CLOS 进行了折叠，通过等价多路径可实现无阻塞性能和弹性，交换机之间采用三层网络架构，具有可扩展、简单、标准和易于理解等特点。除了支持 Overlay（本文中的 Overlay 是指建立在已有网络的虚拟网）技术，Spine-Leaf 网络架构还提供了更为可靠的组网连接。Spine 层面与 Leaf 层面是全交叉连接的，任意层中的单交换机发生故障不会影响整个网络结构。Spine-Leaf 的优点如下。

- 带宽利用率高：每个从 Leaf 到 Spine 的多条上行链路都以负载均衡的方式工作，充分地利用了带宽。

- 网络时延可预测：在以上模型中，各 Leaf 之间连通路径的条数是可以确定的，均只需要经过一个 Spine，东西向网络时延可预测。

- 可水平扩展带宽：当带宽不足时，增加 Spine 交换机数量，即水平扩展带宽。
- 服务器数量水平扩展：当服务器数量增加时，增加 Leaf 交换机，可扩大数据中心的规模。
- 单个交换机要求低：南北向流量可以从 Leaf 节点流出，也可以从 Spine 节点流出；东西向流量分布在多条路径上，对单个交换机的性能要求不高。
- 高可用性：在传统网络中，当一台设备出现故障时就会重新收敛，影响网络性能甚至导致网络发生故障，而当 Spine-Leaf 架构中的一台设备发生故障时，不需要重新收敛，流量会继续在其他正常路径上通过，网络连通性不受影响，只减少这一条路径的带宽，对性能的影响微乎其微。
- 可扩展性好：不需要提前规划网络规模，可以按需扩容。

当然，Spine-Leaf 网络架构不是完美的。其比较明显的缺点是交换机数量的增多使网络规模变大。使用 Spine-Leaf 网络架构的数据中心需要按照用户端的数量，增加相应比例的交换机和网络设备。随着服务器数量的增加，需要大量的 Leaf 交换机上行连接到 Spine 交换机。

相关人员在设计 Spine-Leaf 网络时，应特别注意带宽的比例关系。Spine 交换机和 Leaf 交换机的直接互联需要匹配，在一般情况下，Leaf 交换机和 Spine 交换机之间的合理带宽比例不能超过 3:1。

同时，Spine-Leaf 网络也对布线有明确的要求。Spine-Leaf 层之间电缆数量的增加需要用光纤来连接。因为光模块有传输距离远、衰减小等特点，在大型的网络部署中有着不可代替的优势。部署 Spine-Leaf 数据中心网络时必须根据实际的应用场景选择是否需要光纤模块。

为了解决 Spine-Leaf 架构中存在的缺陷问题，未来数据中心网络的建设可能会引入无损网络。

2.2.7　融合型网络设备

融合型网络设备就是在一台设备上集成众多传统功能的设备，例如路由交换、话音承载和网络安全等。

开放系统互联（Open Systems Interconnection，OSI）模型将计算机网络体系结构划分为 7 层，为了保证网络通信，每一层都有对应的功能，而为了实现这些功能，每一层都有专属的网络设备。例如，二层网络中利用交换机实现交换功能，三层网络中利用路由器实现网络寻址功能，防火墙对二层网络至四层网络进行防护等。

这种网络划分职责明晰，但也具有明显的缺陷。首先，由于网络层级众多，负责各层级的网络设备种类也繁多，在部署和管理时十分复杂，同时众多的网络设备占据了大量空间，连接各设备之间的线路密如蛛网，存在严重的安全隐患。其次，当设备来自不同厂商时（难以保证所有设备来自同一家厂商），不同厂商设备之间的兼容性很有可能存在问题，例如安全产品之间无法进行信息交换，形成许多安全上的"孤岛"和"盲区"。此外，由于设备之间存在紧密的依赖关系，每个设备都有自己的瓶颈，当有设备需要升级或替换时，很容易影响到其他设备的运行。因此，我们需要一种全新的、融合型的网络设备，即一台设备在保证性能的前提下可以提供所有网络应用功能，例如数据、语音、视频、网络安全等。

边缘计算中心与传统的云计算中心之间最明显的不同点是建设规模不同，云计算中心往往是超大型的，而由于所处的物理位置及自身特性的约束，边缘计算中心必然是小型的甚至是微型的。因此，使用集计算、存储、交换、转发等功能于一身的超融合设备更能实现边缘计算系统设备的小型化、集约化与模块化，支持计算、储存、网络等多厂家板块的即插即用，而且节约空间，让有限的空间发挥出更强大的计算能力。

2.2.8　软件定义广域网

边缘计算网络要满足业务对其灵活性的要求，因此在边缘计算互联网络（Edge Computing Interconnect，ECI）部分可以引入软件定义广域网（SD-WAN）技术。SD-WAN 是将 SDN 技术直接应用在广域网场景中的一种服务，可连接企业网络，实现对传统广域网的智能管控。

在互联网飞速发展的大背景下，个人客户、企业客户对网络提出了更高的要求。居家办公成为一种新的工作方式，客户对视频会议等实时性应用的需求越来越大，信号数据要在网络的各个节点进行传输，网络的稳定性、响应时间成为用户更加关注的问题。而传统的多协议标记交换（Multi-Protocol Label Switching，MPLS）专线解决方案成本高，很难被普通用户接受。为了解决传统广域网稳定性和专线造价昂贵的问题，在 SDN 架构的基础上能够智能建立广域网连接的 SD-WAN 解决方案被提出。SD-WAN 的物理架构如图 2-9 所示。

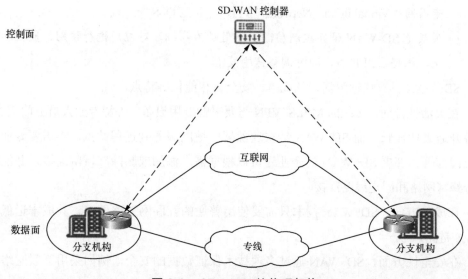

图 2-9　SD-WAN 的物理架构

SD-WAN 可以提供广域网及其应用的可视化视图，为用户提供基于实时网络状态的智能选路功能，保障了路由的可靠性和高效性。SD-WAN 分为控制面和数据面。控制面主要负责对网络设备进行管理，对网络状态进行实时监控与分析，并交换控制信息指导设备对数据包的处理等。数据面主要负责网络承载应用和数据交换。在传统的网络中，数据面与控制面是紧耦合的，它们之间是一一对应的关系，网络是不可编程的。而在 SD-WAN 中，数据面与控制面是解耦的，一个逻辑控制器可以控制多个数据面设备，一个数据面设备也可以被多个逻辑控制器管理，网络是灵活可编程的。

SD-WAN 可实时监测流量的基础网络指标，例如时延、抖动、丢包率，然后利用这些数据，动态地调整网络策略，以响应实时的网络条件，从而保障网络性能并提高可用性。SD-WAN 架构能更加敏捷和灵活地将网络的功能和服务向控制面迁移，加快新应用程序的部署，满足不断变化的业务需求。

SD-WAN 的逻辑架构由 3 个部分组成，具体说明如下。

- 底层是广域网层，具备虚拟化网络功能，可捆绑多种链路（例如 MPLS、4G 等）成为大带宽资源池，热备冗余，通过 SLA 策略设定、智能路由动态调用最佳资源，也可以连通分支机构、数据中心、云端、个人终端等。

- 中间层是网络服务提供层，拥有软件化的各种虚拟网络功能，例如 Cloud 虚拟专用网（Virtual Private Network，VPN）、智能 QoS 等。

- 顶层是 SD-WAN 服务控制层，以应用层为基础，对应用进行识别、监控和优化，根据应用状态，即时调整传输策略。

SD-WAN 具有快速灵活、低成本、安全、智能化等特点。

在灵活性方面，传统的 MPLS-VPN 需要采购专用设备，等待专业人员上门部署，业务开通周期较长，而 SD-WAN 能快速部署广域网服务到远程站点，不需要专业人员上门部署。部署 SD-WAN 的企业还可以根据需求添加或删除广域网连接，并能够组合蜂窝网络和固定线路连接。

在成本方面，SD-WAN 技术只需要使用普通的互联网链路即可，其成本远低于MPLS 链路。

在安全性方面，SD-WAN 通过多项技术保证数据的安全，例如采用互联网络层安全协议（Internet Protocol security，IPsec）对流量进行加密来保护传输中的数据安全。

在智能化方面，SD-WAN 可以根据网络状况及需求进行智能路径控制，将高优先级的流量路由到高可靠性的链路上。

SD-WAN 是 SDN 技术到目前为止最为成功的应用之一，它可以让企业的日常开支大幅降低，且能大幅提升传输效率，灵活部署广域网服务。SD-WAN 分层架构通过智能化、集中化、自动化的手段将网络功能和服务从数据面迁移到更加抽象的可编程控制面，实现数据面和控制面分离，其统一的通信协议简化了控制面和各数据面之间的通信。边缘计算大规模部署后，边缘计算系统与边缘计算系统之间、边缘计算系统与云计算系统之间的通信必不可少，灵活、低成本、安全、智能化的广域网服务保证了边缘计算为用户提供高质量的服务。ECI 中 SDN-WAN 的应用为用户提供了更加多样化的设备管理功能，让网络具有更高的开放性和灵活性。

2.2.9　基于 IPv6 的段路由

各种新兴业务的出现对网络提出了多样化的需求，例如，要求网络具有海量连接扩展的能力，以及有业务任意接入、任意连接的能力，还要求网络具有提供差异化服务的能力；也对端到端的可靠性有着强烈的需求，由此业界提出了 SRv6 技术。

SRv6 是分段路由（SR）技术与 IPv6 技术完美结合的一种网络转发技术。SRv6 是面向 SDN 架构设计的协议，具有强大的可编程能力，可以与控制器配合，基于业务需求直接调动网络转发资源，满足不同业务的 SLA 诉求，减少路由协议数量。同时它还能够完全融入 IPv6，在保证中间设备 IPv6 可达的前提下，实现业务的无缝部署。

SR 是一种源路由技术，它只需要在源节点给报文增加一系列的段标识，便可指导报文转发。其控制协议被简化，且具有良好的可扩展性和可编程性及更强的安全性。SR 自从诞生的那一刻起便被称为网络领域最强大的黑科技之一。

SRv6 的独特优势在于采用 IPv6 地址作为段标识（Segment Identifier，SID），SID 是一个 128bit 的值，每个 SID 是一条网络指令，它通常由 3 个部分组成，即 Locator、Function、Argu。其中，Locator 是分配网络节点的一个标识，用于路由和转发数据包；Function 用于表达该指令要执行的转发动作；Argu 是指令在执行时所需的参数。

此外，SRv6 在 IPv6 报文中新增了扩展报文头（Segment Routing Header，SRH），替代传统的 MPLS 下的标签转发功能。基于 IPv6 的 SRv6 报文如图 2-10 所示。其中，Segment List[0] ～ Segment List[N] 相当于计算机程序。第一个要执行的指令是 Segment List[N]，Segment Left 相当于计算机程序的段指针，指向当前正在执行的指令，初始化为 N，每执行一个指令，Segment Left 便指向下一条要执行的指令。

版本	流量等级	流标签	
数据长度		下一个报头	跳限制
源地址			
目的地址			
下一个报头	扩展头长度	路由类型	段指针=2
最后项	标志	标签	
Segment List [0]（128bit/s IPv6 地址）（段列表）			
Segment List [1]（128bit/s IPv6 地址）（段列表）			
Segment List [2]（128bit/s IPv6 地址）段列表			
可选TLV对象			
IPv6数据			

图 2-10 基于 IPv6 的 SRv6 报文

如果说 SR-MPLS 简化了控制面（去掉了 MPLS 协议），则 SRv6 进一步简化了数据面（去掉了 MPLS 转发）。SRv6 不需要升级中间节点，只需要支持 IPv6 转发即可部署，这极大地降低了初期迁移的复杂度。SID 本身就是路由前缀，且前缀可聚合，有效地降低了设备路由表的压力和规格要求，也使设备更容易维护。

SRv6 的标准化工作主要集中在 IETF SPRING 工作组，目前主流设备厂商生产的测试仪和商用芯片均已支持 SRv6。当前，SRv6 在产业、标准、商用部署等方面均取得了较大进展。边缘计算网络中 SRv6 的应用能够为客户带来业务快速开通、协议栈简化、系统集成复杂度降低等诸多好处。

2.2.10 EVPN

EVPN[1] 是一种针对 VPLS[2] 的缺陷（例如无法支持 MP2MP[3]、无法支持多链路全活转发等）而提出的二层 VPN 技术。它是一个基于边界网关协议（Border Gateway Protocol，BGP）的 L2VPN，通过扩展 BGP，使用扩展后的可达性信息，可以让不同站点的二层网络间的 MAC 地址学习和发布过程从数据面转移到控制面。

现代数据中心互联在可扩展性、带宽利用率、运维方面对网络提出了更高的要求。其中，可扩展性主要是指在互联站点数、扩展虚拟局域网（Virtual Local Area Network，VLAN）数和 MAC 地址容量方面能扩展到一定的规模。例如能支持数百个以上的站点互联、成千上万个 VLAN 扩展、上百万个 MAC 地址，以满足大规模、超大规模数据中心和海量虚拟机迁移的需要。在带宽利用率方面，数据中心互联设备的冗余部署会导致数据中心间存在多条连接路径，需要将流量均衡地分布在所有的可用链路上，以提高广域网带宽资源利用率，节省带宽租用成本。在运维方面，数据中心互联方案通常涉及网络侧的协议部署，传统的部署方式需要在网络侧实现站点全连接配置，导致新增或删除互联站点时影响已有站点的配置。为简化运维，互联方案需要实现单侧部署，即新增或删除站点不影响已有站点的配置，从而降低运维管理难度。

与现代数据中心互联需求相对应的是，传统二层虚拟专用网（Layer 2 Virtual Private Network，L2VPN）技术正在向 EVPN 演进，其具有以下特点。传统 L2VPN

---

1 EVPN：Ethernet Virtual Private Network，以太网虚拟专用网络。
2 VPLS：Virtual Private Lan Service，虚拟专用局域网服务。
3 MP2MP：Multiple Point to Multiple Point，多点对多点。

技术向 EVPN 演进如图 2-11 所示。

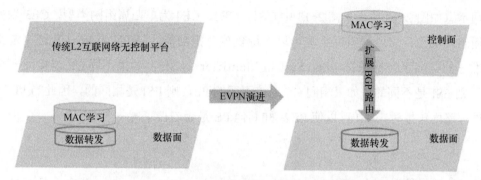

图 2-11　传统 L2VPN 技术向 EVPN 演进

- 没有控制面，需要通过全网泛洪学习 L2 转发表项，扩展性差。
- CE[1] 双归保护，流量只能归属于一个 PE[2]，且只支持单激活模式，导致带宽资源被浪费。
- 一旦 MAC 地址变化或出现故障需要切换，则需要重新泛洪学习 L2 转发表项，导致切换速度较慢。
- 对 PE 设备的规格要求较高，需要利用大量的人工进行配置，网络部署较难。

因此，EVPN 解决方案被提出。

EVPN 控制面与数据面的关系示意如图 2-12 所示。从图 2-12 中我们可以看出，EVPN 使用 BGP 作为控制面协议，使用 MPLS、PBB[3]、VXLAN[4] 进行数据面的数据封装，EVPN 的实现参考了 BGP/MPLS L3VPN 的架构。

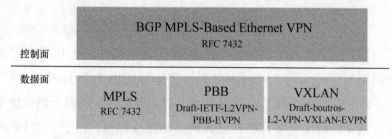

图 2-12　EVPN 控制面与数据面的关系示意

1　CE：Customer Edge。指用户边缘设备。
2　PE：Provide Edge。指运营商边缘设备。
3　PBB：Provider Backbone Bridge，运营商骨干桥接。
4　VxLAN：Virtual Extensible Local Area Network，虚拟扩展局域网。

EVPN 根据 PE 与 CE 的连接形式，可分为 CE 多归属和 CE 单归属两类，EVPN 组网示意如图 2-13 所示。图 2-13 中 CE1、CE2、CE4 为单归属组网类型，CE3 为多归属组网类型，多归属组网类型可以支持负载分担功能。EVPN 为 PE-CE 连接定义了唯一的终端系统标识符（End System Identifier，ESI），如果不同 CE 连接同一个 PE，则 ESI 是不同的，如果相同 CE 连接不同的 PE，则 ESI 是相同的，因此当 PE 之间进行路由传播时，ESI 可以使 PE 感知其他 PE 是否连接了同一个 CE 设备。

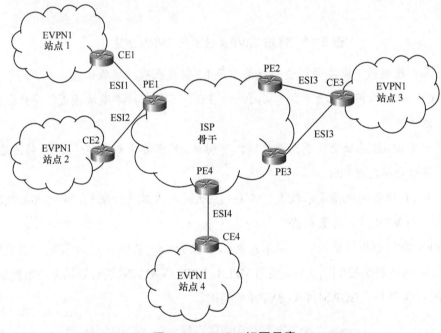

图 2-13　EVPN 组网示意

为了使不同站点之间互相学习对方的 MAC 信息，EVPN 在 BGP 的基础上定义了一种新的网络层可达信息（Network Layer Reachability Information，NLRI）。其中又定义了 4 种 EVPN 路由类型，提供了灵活的控制面，达到同一网段能够跨三层网络的目标，这 4 种路由类型包括：以太网自动发现路由，用于告知 PE 对连接的站点是否可达；MAC 地址通告路由，用于从本端 PE 向其他 PE 发布单播 MAC 地址的可达信息；集成多播路由，用于告知 PE 设备之间可以通过集成多播路由建立传送流量的隧道；以太网段路由，用于实现连接到相同 CE 的 PE 设备之间互相自动发现。

EVPN 通过支持 VLAN/VPN，同时支持 L2 和 L3 的业务，继承了 L3VPN 的管理、扩展能力。EVPN 归属多宿主，可实现 PE 间的负载分担；L3 快速倒换收敛，对广播、未知单播和组播流量可实现持续优化功能。在数据面，EVPN 继承了 IP VPN 的自动发现能力，简化了部署和管理；在控制面，EVPN 单独学习转发信息，避免了 L2 泛洪，且 PE 支持地址解析协议（Address Resolution Protocol，ARP）代理。

EVPN 是下一代以太网 L2VPN 解决方案，实现了控制面和转发面的分离操作。其引入了 BGP 承载 MAC 可达信息，从控制面学习远端 MAC 地址，从而将 IP VPN 的技术优势引入以太网中。

随着边缘计算的发展，边缘计算系统越来越多，系统间的协作通信越来越频繁，给边缘计算互联网的可扩展性、带宽利用率和运维带来了巨大挑战，而 EVPN 技术正是为了解决此类问题而诞生的。在 ECI 中使用 EVPN 技术，可以提高边缘计算互联网的可扩展性、带宽利用率，降低运维管理难度，达到降低边缘计算系统管理成本、灵活扩充边缘计算系统业务的目的。

(2.3) 算网一体

2.3.1 算力度量

算力度量可对算力需求和算力资源进行统一的抽象描述，是算力调度和使用的基础。算力度量与网络性能指标结合形成算网能力模板，为算力路由、算力管理和算力计费等提供标准统一的度量规则。算力度量体系包括对异构硬件芯片算力的度量、对算力节点能力的度量和对算网业务需求的度量。

首先，异构硬件设备通过统一的算力度量和建模，实现对现场可编程门阵列（Field Programmable Gate Array，FPGA）、GPU、CPU 等异构物理资源的统一资源描述，从而有效地提供计算服务。

其次，考虑到计算过程受不同算法的影响，需要对不同算法例如人工智能（AI）、机器学习、神经网络等所需的算力进行度量。这样可有效地了解应用调用算法所需的算力，从而服务于应用。

最后，由于用户的不同，服务会产生不同的算力需求，需要把用户需求映射为实际所需的算力资源，从而可以使网络更充分有效地感知用户的需求，提高和用户交互的效率。

针对异构算力的设备和平台，假设存在 n 个逻辑运算芯片、m 个并行计算芯片和 p 个神经网络加速芯片，那么算力的度量公式如下。

$$C_{br} = \begin{cases} \sum_{i=1}^{n} \alpha_i \cdot f(a_i) + q_1 (\text{TOPS}) & \text{逻辑运算能力} \\ \sum_{j=1}^{m} \beta_j \cdot f(b_j) + q_2 (\text{FLOPS}) & \text{并行计算能力} \\ \sum_{k=1}^{p} \gamma_k \cdot f(c_k) + q_3 (\text{FLOPS}) & \text{神经网络加速能力} \end{cases}$$

其中，C_{br} 为总算力，$f(x)$ 为映射函数，α、β、γ 为映射比例系数，q 为冗余算力。以并行计算能力为例，假设有 b_1、b_2、b_3 3 种不同类型的并行计算芯片资源，则 $f(b_j)$ 表示第 j 个并行计算芯片 b 可提供的并行计算能力的映射函数，q_2 表示并行计算的冗余算力。

2.3.2 算力标识

算力标识是全局统一的、可验证的，用于标识算力资源、函数、功能和应用等不同维度的算力。用户通过算力标识指示所需服务，网络通过解析算力标识获取目标算力服务、算力需求等信息，为算力调度等提供基础。

2.3.3 算力感知

算力感知是网络对异构算力资源和算力服务的部署位置、实时状态、负载信息、业务需求的多样化感知，采集手段全面，获取面向云网业务、客户、资源及基础设施等层面的服务质量、网络质量、业务质量等相关信息，并基于一定的客户服务质量评价模型，实现对云网业务及网络的实时质量的全面掌控。

一方面，各算力节点将算网信息度量建模后统一发布，网络通过对多节点上报的算网信息进行聚合，构建全局统一的算网状态视图。

另一方面，网络完成对业务算网需求的统一解析，实现对业务的全面感知，为基于业务需求进行的算力调度提供保障。

2.3.4　算力路由

算力路由基于对网络、计算、存储等多维资源、服务的状态感知，将感知的算力信息通告全网，通过"算力 + 网络"的多因子联合计算，按需动态生成业务调度策略，将应用请求沿最优路径调度至算力节点，提高算力和网络资源效率，优化用户体验。算力路由如图 2-14 所示。

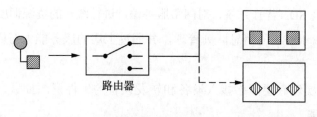

路由器

图 2-14　算力路由

算力路由层包括算力路由控制技术和算力路由转发技术，这两种技术可以实现业务请求在路由层的按需调度。

算力路由控制面可以通告算力节点的信息并生成算力拓扑，进而生成算力感知的新型路由表。算力路由控制面基于业务需求生成动态、按需的算力调度策略，实现算力感知的算网协同调度。

算力路由转发需要通过 IP/SRv6 扩展增强，实现网络感知应用、算力需求及随路操作维护管理（Operation Administration and Maintenance，OAM）等功能。算力路由支持网络编程、灵活可扩展的新型数据面，能实现算力服务的最优体验。

（2.4）算网编排与管理

2.4.1　统一编排

算网统一编排针对多样化、定制化的算网融合服务需求，基于算力和网络的原子能力进行灵活组合、一体编排，设计产品服务模型，并以模板的形式固化所需的资源、服务、策略及配置，实现流程、模型等因子的通用化、标准化，实现算网业务的统一编排和部署，并提供保障。

面向上层的能力调度主要包含网络编排和服务编排两个方面。

1. 网络编排

网络编排主要是对底层的网络服务编排能力进行硬件资源的抽象和能力的建模，并通过服务编排来实现网络控制。我们提出基于 SDN 的宽带接入（SDN Enable Broadband Access，SEBA）容器化架构，以实现 SDN 网络访问。SEBA 的核心组件主要包括 ONOS、Kafka、VOLTHA、XOS。

ONOS：实现 SDN 操作系统，对网络服务编排进行统一的资源调度和管理。

Kafka：实现 REST 的消息队列管理，并通过上层的服务能力对底层硬件的访问请求消息进行统一管理。

VOLTHA：实现底层网络接入设备和转发设备的硬件资源抽象，从而使用和访问上层的网络功能。

XOS：实现网络功能虚拟化和服务化，并基于 SDN 控制器的可编程能力实现网络控制和功能软件定义能力。

2. 服务编排

服务编排可以实现对 PaaS 和 SaaS 能力的容器化调度。由于云原生具有服务化和微服务化的能力，在实现算力调度的过程中，基于不同的应用场景，我们提出了以下 3 个方面的服务能力。

- 计算能力集：集成目前云原生统一的计算型能力库，包括 Spark、Hadoop、Hive、Flink 等。
- 数据库：采用传统的数据库服务能力，为上层的应用和业务场景提供一键部署式的云原生数据库，包括 MySQL、MangoDB 等。
- 人工智能：包括面向人工智能场景的推理和训练，以及对硬件加速有特定需求的算力调度能力。

这些服务能力统一由 K8S 来编排。K8S 的调度扩展接口和平台内部调度器对接，能够实现 PaaS 和 SaaS 的容器化调度。

通过 Knative 来完成统一服务能力的封装和打包，且 Knative 的 API 网关可以提供统一的网络和算力调度接口，并通过统一的门户对外开放，开发者可以根据网络和算力调度能力进行网络编程。这样可以进一步融合底层网络和算力，实现基于可编程网络的算力调度。同时，用户也可以更加关注上层业务逻辑和业务流程。

2.4.2　算力解构

算力解构是将多样化、大粒度、复杂的算力需求，根据业务逻辑、资源需求、性能需求、服务持续性、业务流粘性、资源节点统一性等因素，分解成小粒度的算力需求，使业务可以分布式地部署在云、边、端多级算力节点上，突破单设备资源能力有限的瓶颈，实现业务的灵活部署和资源的高效利用。

2.4.3　动态泛在调度

动态泛在调度在算力网络充分吸纳全社会云、边、端多级泛在的算力资源的基础上，综合考虑网络的实时状态、用户的移动位置、数据流动等要素，实现了对算力资源的统一管理、跨层调配和应用的敏捷部署、动态调整。用户可以在不关心算力形态和位置的情况下，实现对算力资源的随取随用。

在算力调度方面，K8S 云原生平台提供服务编排调度能力、集成网络编排能力和计算服务编排能力，并通过 Knative 实现统一的应用能力封装和消息队列。整体算力调度层为上层门户提供 API 网关，也为上层应用提供统一的 API。这可以开放可编程网络的算力能力，屏蔽底层网络和算力的差异性，并且可以为开发者和用户提供统一门户，进一步降低了可编程网络算力调度的开发门槛。

整体算力调度机制由 K8S 实现统一的算力网络资源调度。其中，根据资源服务对象的不同，K8S 调度能力可以分为两个方面：一方面是以 IaaS 能力为主，实现对底层基础设施算力资源的调度，借助控制平面的对接来实现对网络数据面的调度和管理，通过对接不同的 K8S 云原生集群实现对底层云原生集群的调度管理；另一方面是以应用层 PaaS 能力为主，实现对网络编排和计算服务编排的服务能力管理。

2.4.4　协同自愈

云网一体化后，云和网络资源的跨层、异构所带来的故障复杂性不断提高，需要构建智能化的网络故障自愈引擎，用于故障定位、原因分析、预测、优化、自愈等。

2.4.5　数字孪生

数字孪生是现有或将有的物理实体对象的数字模型，通过实测、仿真和数据分析来实时感知、诊断、预测物理实体对象的状态，通过优化和指令来调控物理实体对象的行为，通过相关数字模型间的相互学习来优化自身，同时改进利益相关方在物理实体对象生命周期内的决策。

在算力网络中，通过感知、采集网络和云等资源的相关信息及运行状态，实现对云网物理资源的数字化动态映射，从而构建云网资源的数字孪生体，用于对云网运营的实时状态进行仿真和监测。

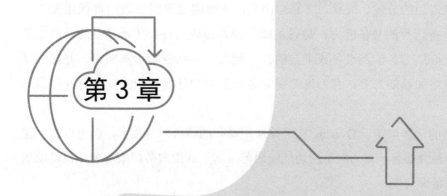

第 3 章

算力调度实现方案

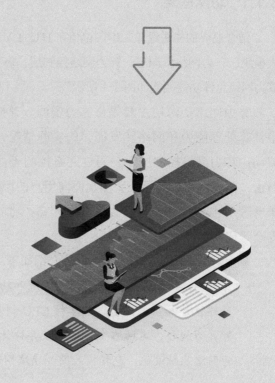

算力网络是通过网络控制面（包含集中式控制器、分布式路由协议等）分发服务节点的算力、存储、算法等资源信息，并结合网络信息和用户需求，提供计算、存储、网络等资源的分发、关联、交易与调配，从而实现整网资源的最优化配置。

算力是业务运行的必备能力，是设备或平台为完成某种业务所具备的处理业务信息的关键核心能力，涉及设备或平台的计算能力，包括逻辑运算能力、并行计算能力、神经网络加速能力等。算力可实现对各种信息的计算处理，以及对各种信息的存储。

算力网络的部署可基于 Overlay 技术叠加在现有的传统网络之上，也可以在新建的局部网络中独立部署。算力网络的功能模块可以基于通用服务器来实现，也可以基于专用网络设备来实现。

(3.1) 功能框架和技术方案

3.1.1 功能框架

结合业界的先进经验，中国电信在 ITU-T Y.2501 中提出将算力网络功能架构分成四大模块：算力网络资源层、算力网络控制层、算力网络服务层和算力网络编排管理层。算力网络总体功能架构如图 3-1 所示。

算力网络资源层主要提供算力资源、存储资源和网络转发资源，并结合网络中计算处理能力和网络转发能力的实际情况，实现各类计算、存储资源的传递和流动；算力网络控制层主要通过网络控制平面实现计算和网络多维度资源融合的路由；算力网络服务层主要实现面向用户的服务、原子功能能力开放；算力网络编排管理层主要解决异构算力资源、服务/功能资源的注册、建模、纳管、编排、安全等问题。

算力网络功能架构的各功能模块介绍如下。

- 算力网络资源层：包括虚拟化资源和物理资源。物理资源可满足新兴业务的多样性计算需求，通过从单核 CPU 到多核 CPU 再到 CPU+GPU+FPGA 等多种算力组合，在网络中提供泛在异构计算资源。虚拟化资源是提供信息传输的网络基础设施，包括接入网、城域网和骨干网。

- 算力网络控制层: 一方面, 基于抽象后的算力网络计算资源采集和发现, 实现对算力节点的资源信息感知; 另一方面, 在用户请求中携带业务需求, 实现对用户业务需求的感知。综合考虑用户业务请求、网络信息和算力资源信息, 将业务灵活按需调度到不同的算力节点中, 同时将计算结果发布到算力网络服务层。

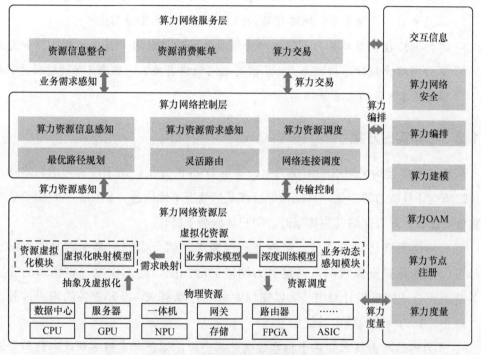

图 3-1 算力网络总体功能架构

- 算力网络服务层: 承载算力的各类能力及应用, 并将用户对业务 SLA 的请求 (包括算力请求等) 参数传递给算力网络控制层。
- 算力网络编排管理层: 实现对算力服务的运营与编排管理、对算力路由的管理、对算力资源的管理及对网络资源的管理, 其中算力资源管理包括基于统一的算力度量体系, 完成对算力资源的统一抽象描述, 进而实现对算力资源的度量与建模、注册和 OAM 等功能, 以支持网络对算力资源的可感知、可度量、可管理和可控制。

算力网络总体功能架构接口说明如下。

- 算力网络服务层与算力网络控制层之间的接口用于业务需求感知和算力交易。
- 算力网络资源层与算力网络控制层之间的接口用于算力资源感知、传输控制，例如交互算力资源、存储资源、网络资源状态等信息。
- 算力网络服务层与算力网络编排管理层之间的接口用于交互服务/功能注册、修改、删除，以及资源的故障管理等运营管理信息。
- 算力网络资源层与算力网络编排管理层之间的接口用于算力度量，例如交互算力资源，存储资源，网络资源的注册、修改、删除等信息。
- 算力网络控制层与算力网络编排管理层之间的接口用于算力编排，例如交互算力网络资源信息与服务/功能信息之间的映射关系，服务/功能对算力/存储/网络资源的需求等信息。

3.1.2 总体实现方案

现有的网络架构采用以应用层为主、基于 DNS 的寻址，由于没有考虑网络状态及目的节点计算能力的变化，其综合性能在某些情况下比较差。例如，当目的节点的计算负载过高，或者网络发生拥塞时，用户体验会下降。

算力网络面向计算类业务，根据业务的需求，结合当前网络中实时的网络状况和可服务的计算资源状况，通过算力网络灵活匹配、动态调度，将终端的计算任务路由到合适的目标计算节点，以支撑业务的计算需求，提升业务的用户体验。

综上，算力网络的技术特征如下。

- 算力网络路由技术：基于抽象后的计算资源，综合考虑网络状况和计算资源状况，将业务灵活按需调度到不同的计算资源节点中。其具体功能主要包括算力标识、算力状态网络同步、算力路由控制、算力路由寻址、算力路由转发等，包含集中式算力路由技术方案和分布式算力路由技术方案。
- 面向服务/功能/算力的接口：定义算力网络与服务/功能/算力间的通用接口，用于描述计算状态，与应用无关，使算力网络与千变万化的应用创新解耦，保持稳定性。

算力网络作为计算网络深度融合的新型网络，以"无所不在"的网络连接为基础，基于高度分布式的计算节点，通过服务的自动化部署、最优路由和负载均衡，构建算力感知的全新的网络基础设施，真正实现网络"无所不达"，算力"无处不在"，智能

"无所不及"。海量应用、海量功能函数、海量计算资源构成一个开放的生态，其中，海量的应用能够按需、实时调用不同地方的计算资源，提高计算资源的利用效率，最终实现用户体验最优化、计算资源利用率最优化、网络效率最优化。

算力网络的技术实现方案可以分为集中式方案、分布式方案和混合式方案，面向不同的业务场景，需要综合考虑业务需求及集中式和分布式两种方案的技术特性，合理选择适宜的算力调度方案。

集中式方案包括基于 SDN/NFV 的算网编排管理及基于域名解析机制的编排管理；集中式方案基于中心化管理编排系统进行状态同步，同步代价相对较小，适用于较大规模的网络。

分布式方案基于分布式路由协议进行状态同步，需要对现有网络设备进行升级，因此对网络影响较大，此方案具有实时性高、数据面调度转发快等特点，适用于时延敏感类业务。

中国电信在算力路由技术方向的前期研究以集中式方案为主，目前正在推动分布式方案研究，混合式方案在集中式方案和分布式方案成熟后开展。算力网络落地试点前期可以采用集中式方案进行可行性验证，在实验室验证及小规模试点中可以采用分布式方案，后期商用部署时建议采用混合式方案。

1. 集中式方案

算力网络集中式方案通过集中式的控制单元来统一收集全网的算力资源、网络资源及其他资源信息，用户将业务需求发送给该集中式控制单元，然后由该控制单元利用全局视角进行最优化的资源选择与分配。

算力网络编排管理平台不但要收集各类资源信息，而且要进行相应的抽象与计算，还要将算力分配策略发送给用户和算力资源池，并调度网络建立相应的传送通道，因此，算力网络编排管理平台需要集成原有网络的 SDN 控制器、NFV 编排器等网络控制单元。从某种意义上来说，我们也可以认为算力网络编排管理平台是集成了算力信息与算力策略的新型网络编排调度系统。

算力网络编排管理平台具有三大功能：资源信息收集功能、资源分配调度功能和网络连接调度功能。

- 资源信息收集功能：算力网络编排管理平台收集各类资源信息，包括但不限于算力资源信息、网络资源信息、存储资源信息、算法资源信息等。

- 资源分配调度功能：根据用户与资源供应方在算力网络交易平台达成的交易（也可以是匿名交易）情况，算力网络编排管理平台将相应的资源分配策略发送给各资源管理方，例如，通知算力资源的供应方在什么时间段有多少算力资源将被占用，同时刷新平台记录的资源信息数据。

- 网络连接调度功能：根据网络资源分配情况，得到网络连接需求，例如在哪些节点之间建立多大规模的网络连接，以及提供什么样的服务质量保障，按照这些业务需求，调度相应的网络资源，完成网络连接建立。需要注意的是，这里的网络连接不只是传统的通道建立，也可能是根据业务需求部署相应的网元。

以上这 3 个功能是算力网络编排管理平台需要具备的基本功能，但在实践中，算力网络编排管理平台会根据现有情况，灵活地增删相应的功能。算力网络集中式方案如图 3-2 所示。

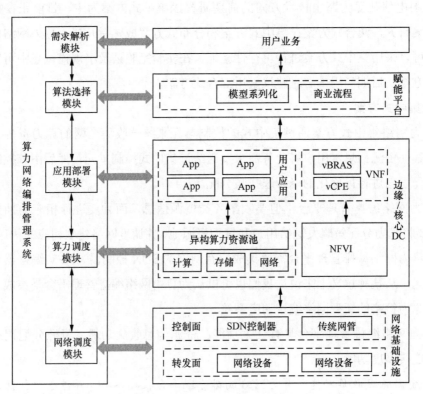

图 3-2　算力网络集中式方案

算力网络集中式方案架构主要由以下 4 个部分构成。

- 算力网络编排管理系统：算力网络的资源管理和调度系统，根据业务需求对算力资源进行弹性调度，在满足业务实时需求的同时，提高算力的利用率。
- 赋能平台：为用户业务部署赋能，例如针对 AI 业务的 AI 赋能平台。
- 边缘 / 核心 DC：业务部署节点，包含算力资源基础设施和 NFV 基础设施。其中，用户应用部署在异构算力资源池上，vBRAS、vCPE 等虚拟网元部署在 NFVI 上。
- 网络基础设施：连接用户、边缘云、核心云的网络基础设施，包括控制面的 SDN 控制器、传统网管，以及转发面的网络设备。

其中，赋能平台、边缘 / 核心 DC、网络基础设施包含了算力调度的基础资源，而算力网络管理编排系统负责对这些资源进行管理和编排，既要实现根据业务需求的动态算力进行调整，又要实现对各个层面资源的有机协调。

算力网络管理编排系统的主要模块功能如下。

- 需求解析模块：分析用户业务需求，将用户业务需求转化为算力资源需求，根据算力需求划分业务等级，以确定业务的部署位置、所需资源大小等信息。
- 算法选择模块：根据用户的业务类型和需求解析模块的结果，在赋能平台中为用户选择合适的部署算法，确定用户业务部署的规格。
- 应用部署模块：根据算法选择模块的结果，将用户业务部署到指定的算力节点中。
- 算力调度模块：管理核心云和边缘云的算力资源，根据业务需求为用户分配相应的计算、存储、网络资源，并根据策略对业务部署位置、业务算力进行弹性调整。
- 网络调度模块：管理用户、边缘云、核心云的网络，在用户业务部署或调整之后，配置用户到业务处理节点之间的网络，将用户流量路由到处理节点。

在上述功能模块中，部分功能可以借助现有技术实现，例如，算法选择模块可使用大数据分析技术，应用部署模块可借助边缘计算管控平台，算力调度模块可使用

NFVO，网络调度模块可使用 SDN 控制器等。需求分析模块则需要根据服务的用户类型进行设计，形成标准模板，用户可根据自身业务规模提出不同的需求，算力网络编排管理系统将业务需求转化为具体的算力资源调度方案，并为用户分配合适的基础资源。

我们可以对已实现的南向接口协议（例如 NETCONF、OpenFlow 等）进行增强来实现集中式的算力网络编排管理系统。

算力网络集中式方案的主要工作流程如下。

- 算力网络编排管理系统与所有资源及网络节点建立控制连接，资源节点和网络节点将自身的计算、网络等资源信息通过控制连接上报给算力网络编排管理系统。
- 算力网络编排管理系统对获得的信息进行处理，得到一张总体资源视图。
- 当用户向算力网络编排管理系统发送其资源需求时（或通过需求分析模块得到用户的需求），算力网络编排管理系统可根据用户需求将满足需求的方案返回给用户，供用户进行选择（或根据用户的需求及资源视图主动为用户选择最佳的方案）。
- 用户将选择后的结果发送给算力网络编排管理系统（或算力网络编排管理系统为用户选择最佳方案后），算力网络编排管理系统通过控制连接告知资源节点和用户，并对网络节点进行业务配置，建立用户和资源节点之间的通路。

2. 分布式方案

算力网络分布式方案基于分布式路由协议实现算力路由控制和转发，该分布式路由协议包含计算信息、网络信息等多个维度的信息。计算优先网络（Compute First Network，CFN）是算力网络分布式方案的一种具体实践，主要包括以下两点。

- CFN 内部网元：CFN 节点连接分布式的服务端点，其基本功能是基于请求中服务 ID 和数据 ID 进行路由，高级功能包括数据预取等能够提高效率和用户体验的功能。CFN 节点包含 CFN 接入节点和 CFN 出口节点，接入节点和出口节点可以是同一个节点。接入节点面向客户端，负责服务的实时寻址和流量调度。出口节点面向服务端，负责服务状态的查询、汇聚和全网发布。其中，服务是 CFN 节点服务注册表中的一个单位，具备唯一服务 ID，代表了一个应用。一个服务是由多个服务端点构成的，这些端点是由运行在 Pod（容器组）、容器或者虚拟机上的工作负载实例实现的，每个网络端点由 IP 地址来区分。

- 分布式路由协议：算力网络路由协议支持服务化的寻址与路由，包含基于抽象后的计算资源发现、计算资源的动态变化和可服务性。该协议可以是基于 BGP、内部网关协议（Interior Gateway Protocol，IGP）等路由协议的扩展。

（1）算力网络分布式路由协议

算力路由表中包含计算性能和网络性能，网络性能评估参数包含数据包网络传输时延、丢包，以及其他可扩展参数，在算力路由表中增加计算性能评估参数（例如计算剩余能力、计算时延，以及其他可扩展参数）。通过在算力路由表中增加服务 ID 和该服务 ID 对应的计算性能，加权计算网络性能与网络计算性能之和，选出最优执行节点，例如，基于计算时延与网络时延的最小和值，选定该最小和值对应的服务节点为目标执行节点，为计算业务做路由转发提供服务。所选路由以计算最优为原则，使其时延大大降低，因此配合边缘算力可以满足低时延应用需求。

当本地路由节点收到计算任务的数据包时，首先确定该数据包的计算任务类型，计算任务类型包含服务 ID、流粘性需求属性等，基于预先获取的计算任务类型、其他计算节点和计算性能的对应关系，确定该计算任务类型对应的至少一个其他节点和其对应的计算性能。基于其他节点的计算性能，以及本地节点与其他节点之间的网络性能（例如链路状态），综合考量确定执行的目标节点。目标节点的地址即数据包的路由目的地址，而后基于目标地址对数据包进行转发。

对于计算性能信息的获取、建立和维护，可以通过扩展现有路由协议（例如 BGP、IGP 等），在算力网络中进行扩散和同步。具体流程如下：当本地路由节点启动时，首先获取本地服务节点的计算性能信息，并向其他路由节点发送服务 ID 查询请求，获取其他路由节点对应的服务节点的服务 ID 信息，此后向其他路由节点发送服务 ID 对应的计算性能查询请求，获取其他路由节点对应服务节点的性能信息，基于每个节点的计算性能，在路由节点建立服务 ID、节点信息和计算性能信息的对应关系表。计算性能是根据服务节点的具体情况动态变化的，因此，需要采用周期性查询、计算性能发生变化时动态发布等交互方式，对计算性能进行动态更新和维护。对于网络性能信息（例如网络时延），可以按照预设的周期，通过互联网包探索器等交互方式进行动态获取和维护。

（2）面向业务的动态任播

面向业务的动态任播实现了基于动态的计算状态和网络状态将业务请求路由到等效的服务实例。服务转发信息库（Forward Information dateBase，FIB）生成流程示意如图 3-3 所示，根据服务 RIB 和服务 DB 生成算力路由表，支持一元组到五元组的各种组合，服务 FIB 示例：二元组、五元组如图 3-4 所示。其中，服务 DB 包含服务 ID、流粘性需求属性、MetricList（业务对性能参数的需求描述，例如时延、时延权重等）等参数信息。

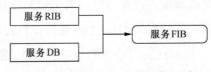

图 3-3　服务 FIB 生成流程示意

二元组						
SRC_IP	SERV_ID	Egress	Age			
10.197.29.1	10.10.10.1	R2	××			
五元组						
SRC_IP	SRC_PORT	SERV_ID	SERV_PORT	PROTOCAL	Egress	Age
10.197.29.1	2093	10.10.10.2	8080	TCP	R1	××

图 3-4　服务 FIB 示例：二元组、五元组

对于实时性、可靠性要求更高的业务，可以在算力网络接收到首个服务报文后，选择基于随路查询进一步选择最佳节点来提供服务。接入节点接收用户设备发往目标服务节点的首个报文后，将原始报文复制多份并随路发送服务及网络查询测量报文（即 OAM 报文，OAM 查询测量报文可以在原始报文头部或单独发送），同时发送给多个出口节点，通过查询测量获取其计算性能（例如服务负载）或网络性能（例如时延）。出口节点收到报文后根据本地计算和网络的实时信息，通过 OAM 应答接入节点，并将原始报文继续转发到服务计算节点，接入节点基于出口节点返回的计算性能或网络性能确定目标路由节点并建立转发流表 FIB，由该目标路由节点连接的一个目标服务节点为用户设备提供服务。

（3）流粘性保持

针对某些需要保持在同一服务节点的业务流，如果其粘性无法得到保障，将会出现断流、丢包、流量乱窜，因此需要算力网络保持这一类业务流的粘性。由服务管理层向算力网络提交服务 ID 的流粘性需求属性，包括服务的流粘性类型、超时时间等，生成并写入流粘性需求属性数据表并在算力网络内扩散。其中，流粘性类型包含三层、四层两大类，涵盖一元组至五元组（传输协议类型、源 IP 地址、源端口、目的 IP 地址、目的端口）的多种流表匹配范式。新业务流到达时根据其访问的服务 ID 信息查询流粘性需求属性数据表，根据流粘性需求属性信息建立该服务 ID 的流表项条目。该流表项可用于后续数据报文的转发，使后续报文能够被转发到为首包提供服务的节点上，以保持其流粘性。该流表项包括服务 ID、源 IP 地址、源端口、目的 IP 地址、目的端口及下一跳网络节点等信息，后续报文可根据服务 ID 及该服务 ID 的流粘性属性信息查询获取该流的目的 IP 地址信息，或下一跳网络节点地址信息。

建立流表项的通常做法是根据服务的属性在算力网络节点建立路径信息表，该路径信息表记录会话的路径信息，包含源地址、服务 ID、服务节点 IP 地址等信息，用于记录一个或多个会话与服务节点地址信息的映射关系，从而可以根据路径信息表将属于同一条会话的服务报文导向同一服务节点。

3. 混合式方案

混合式方案的资源分发与收集过程与分布式方案大致相同，唯一的区别在于分布式方案中的路由器在获得本域内算力节点的算力资源信息及对应的路由表项后仍将其存储在本地，而混合式方案则需要将此信息发送给算力网络编排管理平台进行统一管理。

在算力网络方案中，集中式方案实现起来简单，可以在已有的 SDN/NFV 编排管理平台上扩展实现，但集中式方案在扩展性上会出现瓶颈，尤其是在业务状态频繁变化时，集中式的管理系统难以对算力资源进行精细的监控和分配。

分布式方案通过扩展网络协议的方式对算力网络资源信息进行收集，需要用户和计算节点一对一沟通，利用多协议标签流量工程等协议预留资源，构建通道，该方案相对复杂，需要对现有的网络设备进行升级，但是其具有良好的可扩展性。

混合式方案兼顾了两种方案的优点，利用了分布式方案进行算力网络资源信息收集，利用了集中式方案进行算力网络交易及算力网络资源调度。

3.2 算力网络信息采集与发布

云网融合算力调度的应用领域非常广阔，其算力需求在智能制造、直播游戏、智慧城市和车联网等垂直领域最为明确。

在上述领域中，算力网络信息的采集和发布功能非常重要，是实现这些场景业务需求的能力底座。例如，车联网业务提出的首要需求就是交通安全，而为了确保交通安全，服务器对车辆、道路传感器所采集的信息处理必须要在毫秒级时间内完成，这对网络时延提出了极高的要求。此外，一辆自动驾驶汽车一天产生的数据大约为4TB，而汽车的数量以亿为单位，如果将这些数据全部上传至云端必然会造成网络瘫痪，云数据中心的资源也无法负荷。车联网对网络提出了低时延和大带宽的需求。在车联网业务中，车内信息娱乐类应用（环境信息共享、车载娱乐）的带宽范围应为10 ～ 100Mbit/s，时延不大于500ms；交通安全驾驶类应用（编队、防碰撞）带宽应小于1Mbit/s，时延范围为20 ～ 100ms；全自动驾驶类应用带宽应不低于100Mbit/s，时延范围为1 ～ 10ms。

3.2.1 采集能力概述

算力网络的信息发布和采集的实现，可以通过多种类型的算力信息采集和发布策略配置，以支持最优算力节点的实时选择。

算力信息采集的具体实现如下。

- 主动定期采集算力节点状态：由路由节点主动周期性地向算力节点发起探测（例如，通过 ICMP[1] 等多种方式），按需采集节点状态，实时收集算力节点的各种状态信息，如果算力节点的链路状态或算力性能不能满足当前的业务需求，则进行链路倒换或重新选择节点，保障最优算力服务节点的选择。

- 算力节点能力健康检测：边界路由节点作为多个算力节点的管理设备，需要感知每个算力节点的节点状态及链路状态，一旦发生链路故障或节点故

1　ICMP：Internet Control Message Protocol，互联网控制报文协议。

障，则可以及时地切换到新的链路及新的节点，满足低时延等极致的用户体验。支持算力路径检测，由路由节点向算力节点发送探测报文（例如，通过 ICMP 等多种方式），探测报文中包括待检测业务所需的算力性能指标，并获取算力节点根据上述探测报文发送的反馈报文，反馈报文中包括算力节点根据算力性能指标进行检测的性能指示信息。例如，如果性能指示信息中携带的为探测报文中的算力性能指标的初始数据，则指示该算力节点的算力性能指标达标；如果性能指示信息中携带的探测报文中的算力性能指标为修改数据，则指示该算力节点的算力性能指标不达标。算力性能指标可分为算力指示信息和网络性能信息，算力指示信息包括 CPU 利用率、GPU 利用率、缓存、存储能力和会话连接数等；网络性能信息包括路径传输时延、处理时延和带宽利用率等。

算力信息发布是指不同的边缘计算节点将其资源状态信息或部署的服务状态信息发布至就近的网络节点，由网络节点在网络中通告更新。通过扩展现有的路由协议，在数据包中携带算力节点的服务状态信息，使网络实时感知算力节点的信息。

算力信息发布的具体实现要求如下。

- 转发信息包括服务部署位置信息、服务状态信息等，入口节点基于算力通告信息，生成路由信息表，当收到业务请求首包后，将基于路由信息表确定目标路由节点，并进一步建立 FIB，由该目标路由节点连接的一个目标服务节点为用户设备提供服务。在传统 IP 地址的转发基础上，算力路由支持服务 ID/ 传输码寻址，网络侧根据网络算力状态实时调整网络传输路径和目标服务节点，生成并维护基于服务 ID/ 传输码的路由转发表，实现通过最佳网络路径传输，具体可结合 IPv6/SRv6/VPN 等多种协议实现算力节点信息转发。单个服务请求可能会因为网络性能和计算性能的动态变化而被调度到不同的出口节点，进而在不同的服务节点中处理。

- 随路携带 in-band 的算力节点资源信息（计算能力信息、网络信息、业务请求等信息），将当前的算力状况、网络状况和业务请求等作为节点概要信息发布到路径当中，网络将相关的信息随数据报文转发到相应的计算节点，及时更新和优化业务网络路径。将获取的业务请求、当前节点的计算和网络资源信息添加到当前节点的资源信息中，生成节点信息，封装在数据包中，通过该封装数据包的转发请求获取其他节点的资源信息（含计算资源和网络资源），其他节点反馈自身的资源信息，得到边缘计算节点信息集合；从信息集合中选择满足条件的目标节点信息，目标节点信息所属的节点对业务请求进行处理。

数据采集功能主要包括采集配置、采集调度、采集服务、数据加工、信息发布、采集监控6个主要模块。数据采集功能架构如图3-5所示。

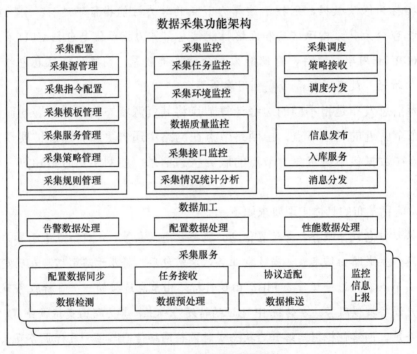

图3-5 数据采集功能架构

- 采集配置：实现采集源、采集指令、采集模板、采集服务、采集策略等信息的配置与管理，明确采集对象、采集内容及采集方式。
- 采集调度：根据接收到的采集策略生成采集任务，再结合采集环境的要求和节点忙闲状况选择合适的采集服务节点进行任务分发。
- 采集服务：接收到采集任务后，根据任务采集源和采集模板的要求，实现数据网络协议适配、数据检测、数据预处理、数据推送，在采集服务实例启动时及运行过程中同步采集配置的数据，并将任务执行情况上报给采集监控模块。采集服务可以按多种维度划分成多个服务业，实现所有采集。

- 数据加工：对于采集服务送到数据存储模块的数据，由数据处理模块根据上层应用需求进行统一处理。
- 信息发布：对于数据处理模块处理后的数据，按需求方的订阅要求进行分发，供上层其他应用系统使用。
- 采集监控：实现采集任务监控、采集环境监控、数据质量监控、采集接口监控等功能，平台通过记录相应的操作日志来监控异常情况，并将节点在运行中的异常情况通知采集调度进行相应的处理，例如重新分发等。

采集服务框架内部集成如图 3-6 所示。

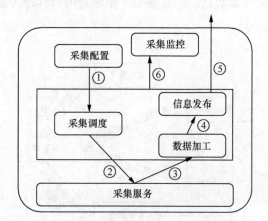

图 3-6　采集服务框架内部集成

以下对采集能力内部集成进行详细介绍。

3.2.2　采集配置

采集配置功能可实现采集源、采集指令、采集模板、采集服务、采集策略等数据信息的录入、更新、查询等操作管理功能。配置好采集策略后，下发给采集调度，生成采集任务，实现数据采集。采集配置功能如图 3-7 所示。

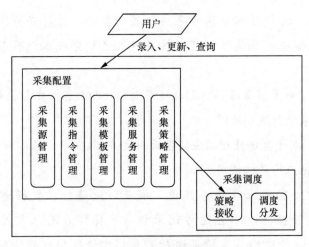

图 3-7 采集配置功能

采集配置中需要配置的内容较多，既要实现采集服务业采集数据，又要实现按采集指令的灵活配置来采集数据，因此整个采集配置的流程较为复杂。采集配置中相关对象的关系如图 3-8 所示。

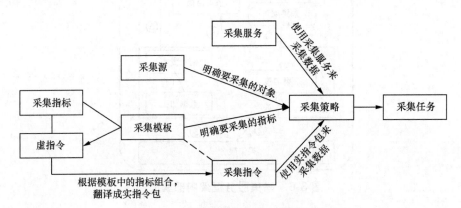

图 3-8 采集配置中相关对象的关系

首先是采集源，要明确采集的对象，具体到网元及接口协议。

其次配置采集指标和指标对应的虚指令。在配置虚指令前，要配置网元的实指令及指令参数。

再次配置采集模板，在采集模板中配置采集指标，如果需要用指令采集，则需要配置这些指标的采集虚指令；如果使用采集服务来采集数据，则可以不配置指标的采集指令，采集服务中需根据采集指标来实现数据的采集。

最后配置采集策略，采集策略包括采集源、采集模板、采集服务或采集指令，以及采集周期和采集类型等。配置好采集策略后，当策略启动时，即向采集调度下发采集策略。

在采集配置中，指令参数、实指令、虚指令、采集指标、采集模板和采集策略等采集配置项之间存在一些依赖和引用关系，在删除和修改时，要进行约束关系的校验。

1. 采集源的配置

采集源由网元、EMS/OMC[1] 和配置信息组成。采集源可以通过配置不同的配置信息，组成对应不同数据类型、不同接口协议的采集源。当配置采集源时，应通过预先设定的模板进行配置。

（1）采集源的基本信息管理

系统应管理网元或 EMS/OMC 的基本信息，包括设备（或 EMS/OMC）名称、专业、网元类型、管理域、设备厂家、型号、版本、IP 地址、端口号等，可通过 API 的方式对采集源进行新增、修改和删除。对于采集源的呈现，应根据条件（例如专业、省、区域等）设置级联菜单及搜索框。

当采集源的基本信息通过自动发现功能来获取时，可以有多种方式来实现不同专业的新入网网元的自动发现功能。对于需要接入采集功能模块进行采集和控制的网元，在网元本身支持注册的情况下，网元主动向采集功能模块发起注册动作，在采集功能模块通过注册审核后（支持人工和自动审核），将相关的信息发布给对应的采集功能模块组件或上层系统，后继由采集功能模块组件及上层系统与对应网元进行连接操作。对于注册方式，可以考虑在采集功能模块设置统一的认证中心，离线发放签名证书给设备厂家，由网元在入网时使用签名证书，通过规定的注册协议，向认证中心发送相应的注册信息，包含但不限于当前接入资源类型、接口协议（含网元的采集和控制协议）、加密方式（如有）、时间戳等。相关的资源类型、接口协议信息需要提前在采集功能模块配置。认证中心在人工或者预设配置审核认证通过后，可将相关的信息发送到相应的采集功能模块的采集、控制组件及应用服务中，而后继网元的连接操作则由相应的组件和应用服务自行发起。

部分接入网络的网元可能不需要采集功能模块纳管，但采集功能模块也应该能够支持以主动定期扫描的方式发现和识别现网新增入网的网元并通知给对应的上层系统，以便进一步处理。

1　OMC：Operation and Maintenance Center，操作维护中心。

（2）采集源状态管理

系统应管理每个采集源的状态，可以通过采集服务上报采集源的状态，包括可用、不可用等状态，也可以手工设置采集源状态，例如启用、禁用等，对于不可用和禁用状态的采集源，将不能配置采集策略。

（3）协议配置模板管理

系统可对采集协议配置信息的模板进行管理，包括模板名称、协议类型、协议版本、协议描述，以及协议所需要配置的参数等，每个模板需要配置的参数包括参数名称、参数编码、参数类型、是否必填等，针对不同的协议可以定制该协议应有的参数。常用的协议类型包括安全外壳协议（Secure Shell，SSH）、SSH 文件传输协议（SSH File Transfer Protocol，SFTP）/ 文件传输协议（File Transfer Protocol，FTP）、简单网络管理协议（Simple Network Management Protocol，SNMP）、Telnet、人机语言（Man-Machine Language，MML）等。一般需要用到的参数包括账号、密码、路径、文件格式、读口令、写口令等。常用的采集协议参数如下。

- SFTP/FTP：主机地址、端口、账号、密码等。
- SNMP：读口令、写口令、SNMP 版本。
- TELENT：主机地址、端口、账号、密码、主机提示符、登录模式、翻页模式、超级账号、超级账号密码等。
- SSH：主机地址、端口、账号、密码、主机提示符、翻页模式等。
- TL1：主机地址、端口、账号、密码等。
- MML：主机地址、端口、账号、密码、主机提示符等。

（4）采集源配置

每个网元（或 EMS/OMC）应根据要采集的数据类型和接口协议，选择合适的协议配置模板，并填入模板所需的参数值，完成对采集源的配置。采集源配置好后需进行连通性测试，然后才可用于采集策略的配置。

明确采集源是否支持补采。对于支持补采的采集源，可以在策略配置时，配置用于补采最近一次或最近一段时间的数据。

采集数据类型包含告警数据、资源数据、性能数据、日志数据、路由数据、流量流向数据等。

2. 采集指令配置

（1）参数配置

参数配置主要统一定义采集指令所用到的参数，在实指令配置中引用此参数进行参数配置，参数的属性包括参数名称（中英文）、参数描述、专业、厂家、字段类型、字段长度、取值方式、是否必填、参数类型（公有、私有）等信息。参数配置应尽量标准化，达到复用的目的，即不同设备类型在配置实指令时可以使用相同的参数。

- 参数类型可分为公有参数与私有参数。
- 公有参数全局可用，在参数配置为公有参数时，没有专业、厂家的属性定义。
- 私有参数被指定的专业、厂家使用。

参数取值方式包括参数取值、规则取值、静态取值。

- 参数取值：从 API 中的参数获取相应的值。
- 规则取值：根据上一条指令执行结果的解析规则获取相应的值。
- 静态取值：参数定义时，定义的是固定值。

（2）实指令配置

实指令配置主要进行网元的原子采集指标的采集指令配置，可以按专业、设备类型、厂商、设备型号、设备版本、数据类型、采集协议等信息划分来完成实指令的配置。实指令配置应支持该采集指令的采集缓存设置，避免短时间内多次采集，这样做也减轻了网元的压力。当配置指令过多时，应支持实指令指定测试网元进行测试，同步展示测试结果。

对于配置的指令内容，可以指定相关参数（参数事先已由参数配置功能定义好），参数引用到指令中的格式为 @param@，例如，display interface @brasport_code@。

在配置实指令时，需要配置实指令执行结果的解析规则。

配置好的实指令可以抽象成虚指令，虚指令对应采集模板中的采集指标，在配置好的采集策略启动后，采集调度会将采集指标解析生成实指令包，下发采集任务。

（3）虚指令配置

虚指令主要是将不同厂家采集同一网元的采集指标（性能项或配置项）的采集实指令进行抽象集成。虚指令配置主要按网元类型对不同厂家的实指令进行抽象，形成可屏蔽不同厂家差异的虚指令，并对应到此类网元的一个指标采集。

虚指令信息包括专业、网元类型、虚指令编码、虚指令名称、状态等。

虚指令配置可提供查询、新增、修改、删除等操作，当配置虚指令时，需要根据专业、网元类型等信息过滤出相应的实指令进行配置，形成一个虚指令对应多组不同设备厂家、型号、版本的实指令组合，最终达到屏蔽厂家差异的目的。在配置时，需要对同一个虚指令中的多条实指令进行排序和编辑。

对每个虚指令中的实指令可以基于原有的相关规则进一步配置结果解析规则、指令执行规则等。

配置好的虚指令具有测试能力，可选择相应的采集源（网元）进行测试，同步展示虚指令的测试结果。

（4）采集指标管理

在配置采集模板时，首先要进行采集指标的管理。采集指标管理主要完成采集指标的配置，包括指标的新增、修改、删除功能。

采集指标信息如下。

- 指标唯一标识。
- 指标名称（包括中文名和英文名）。
- 所属专业（例如，核心网、数据网、接入网、无线网、ITMS[1]等）。
- 资源类型（例如，OLT[2]、交换机等）。
- 指标支持厂家列表（例如，中兴、华为、烽火等）。
- 指标支持型号（例如，MA5680T、C300、C200等）。
- 指标支持数据类型（例如，告警数据、配置数据、性能数据等）。

需要用指令采集的指标，都应为每个采集指标配置采集虚指令。

3. 采集模板管理

采集模板主要用于明确性能、配置和告警数据需要采集的数据内容。模板管理应支持模板的录入、修改、删除、查询及导入功能。

采集模板的信息包含模板名称、模板分类（资源、性能、告警）、专业、网元类型、采集指标组合等。每个采集指标会映射到相应的采集虚指令。

采集模板可实现同一组相同网元类型的采集指标的组合。同一个采集模板可以

1　ITMS：Integrated Terminal Management System，终端综合管理系统。
2　OLT：Optical Line Terminal，光线路终端。

应用于多个采集策略。

采集框架定义的采集模板，需要同步到采集服务中，由采集服务按模板要求的数据内容采集上报数据。

4. 采集服务管理

采集服务管理包括采集服务包管理、采集服务配置和采集服务实例管理。

（1）采集服务包管理

采集服务包管理包括列表查询、新增、修改、删除、批量删除、服务包的启用/禁用功能。

采集服务包的基本信息包含服务包名称、服务包版本、支持的数据类型、支持的专业、支持的设备厂家、支持的协议、启用状态、工作路径（服务包上传到目标服务器的路径）等。

新增采集服务包可以通过拖曳或选择上传方式，将采集服务包上传到采集功能模块框架服务包管理路径下，上传的采集服务包会在原有名称后自动加入时间戳，用于区分最新版本（例如，服务包名称为 test_serv.jar，上传到服务器的名称为 test_serv_1577868280.jar）。

采集服务包关联的采集服务在配置了采集策略的情况下，不允许修改采集服务包的内容，需要解除采集服务与采集策略的关联才可以进行修改。

采集服务包关联了采集服务，则不允许禁用采集服务包。

（2）采集服务配置

采集服务配置包括服务列表查询、新增、修改、删除。

采集服务能够呈现服务名称、服务编码、厂家、区域、注册方式（自动注册、手动注册）、支持的专业、支持的设备厂家、支持的数据类型、支持的协议、服务包名称、启用状态、注册时间等基本信息。

当采集服务注册方式为手动模式时，由关联的采集服务包的相关信息自动填入，且不可修改，只能修改采集服务包的相关信息级联自动更新；当采集服务注册方式为自动模式时，需要在页面填入信息。

采集服务已经配置了采集策略或已有采集实例，则不能删除，系统需要进行相关提示。

如果采集服务下没有自动注册的服务实例，可以支持修改对应的信息，包括生成模式、采集服务包等相关信息；如果采集服务下已经有服务实例，则不允许修改。

（3）采集服务实例管理

采集服务实例管理包括列表查询、新增、删除、激活/去激活功能。

采集服务实例能够呈现服务实例标识、服务实例IP、服务实例端口、激活状态、支持的厂家、支持的数据类型、支持的协议、支持的区域、注册时间等基本信息。

采集服务实例具备自动注册和录入功能。

- 采集服务实例自动注册：是由后端将采集服务包部署到采集服务主机上的，启动后通过接口自动注册的方式，注册服务实例。
- 采集服务实例录入：从页面新增服务实例，关联选择服务实例包，并且指定部署的主机及登录信息和上传信息，通过采集框架自动上传采集服务包到指定部署的主机上，同时启动采集服务包。

采集服务实例在启动时会向框架发送注册信息，框架会根据服务唯一标识自动查找采集服务，如果未查询到采集服务，则根据注册信息自动创建采集服务，将采集服务的生产模式标注为自动，并与本次注册的采集服务实例进行关联。如果查询到采集服务，则将采集服务实例关联到查询出来的采集服务下。关联时会自动校验查询出来的采集服务与上报注册的采集服务实例支持的数据类型、专业、设备厂家、协议是否相同，如果相同则建立关系，如果不同则不会建立关系，同时将该服务的实例状态设置为未激活，并生成一条服务注册异常的告警信息，在告警监控页面呈现。

在服务实例被激活后，采集功能模块框架将不再发送采集任务给此实例，重新激活后才可以由采集调度分发采集任务。

在未关联采集服务的服务实例列表中，可以选择一条或多条服务实例与采集服务进行关联，关联时要进行采集服务实例与采集服务支持的厂家、数据类型、协议、区域等条件的验证，如果条件不相符，需要进行提示。

5. 采集策略管理

系统应通过配置采集策略的方式实现对采集源按照采集模板的数据进行采集。配置好采集策略后，由采集高度模块根据采集策略生成采集任务派发到采集服务中。

每条采集策略需要配置采集源（支持多个）、采集模板、采集服务、采集类型（是否指令采集）、采集周期、分发策略（轮询、随机、一致性 Hash 等）、阻塞处理策略（等待、丢弃）、超时时间、失败重试次数等信息。

采集策略的管理包括采集策略的录入、修改和查询。

采集策略能够呈现策略名称、策略类型、采集类型、采集源信息、采集模板名称、采集服务名称、调度周期、路由策略、阻塞处理策略、最新修改时间、状态等基本信息。

当采集策略有新增时，需要录入策略名称、策略类型、采集类型、采集源信息、采集模板名称、采集服务名称、调度周期、路由策略、阻塞处理策略、状态等基本信息。同时还要对采集源、采集模板、采集服务进行关联验证，采集策略可以使用同一个采集模板对应多个采集源。

- 采集源与采集模板匹配校验：当采集源为网元时，查看采集源的网元类型与模板中的网元类型是否一致；当采集源为 EMS/OMC 时，核查采集源的专业与采集模板的专业是否一致。

- 采集源与采集服务匹配校验：核查采集源的专业信息、厂家信息、协议信息是否正确，可以选择一条已配置的策略，查看其执行详情。详情可以呈现策略名称、策略类型、调度时间、调度结果、执行状态等内容。同时可以查看策略分发的任务执行情况，包括任务触发类型、调度机器 IP、路由策略、阻塞处理策略、调度状态码及调度结果信息（当调度错误时，呈现的是错误内容）。

如果采集策略中配置的采集模板对应的采集指标与虚指令建立了关系，则通过通用指令进行服务采集；如果配置的采集模板对应的采集指标没有与虚指令建立关系，则通过提供的采集服务进行采集。

采集策略可以在采集功能模块上进行配置，也可以接收上层其他系统通过 API 下发。在采集功能模块一级分布式部署模式下，采集策略由中心节点统一配置，通过接口下发到省级采集功能模块节点，并统一呈现和使用。上层其他系统下发的采集策略主要是即时类的采集和数据补采类的采集，下发给采集功能模块后，要进行策略的审核核验，确认无异常后才可以发送给采集调度。

采集策略配置在完成并经过校验后，启动采集策略，然后将采集策略下发给采集调度模块，并及时进行任务的派发和数据的采集。在采集策略停止后，需要通知采集调度停止对此策略下的任务派发。在修改策略时，需要先停止策略，完成修改并校验通过后，重新下发采集策略到采集调度。

采集服务或采集指令可以实现对所配置的采集源按采集模板中指标的要求、采集周期及其他规则，实现对数据的采集。

可以配置即时采集和补采的采集策略，也可以由上层应用系统根据实际生产需求下发即时采集和补采的请求策略，但这要通过策略配置的校验才能启动。即时采集是直接采集当前最新的数据，补采是采集过去一个时间段的数据。

6. 采集规则管理

- 结果解析规则：支持对采集指令采集返回的原始数据进行解析规则的配置，支持正则表达式、函数、自定义规则等。支持在采集虚指令配置中对单个采集实指令进行关联配置。

- 指令执行规则：支持对采集虚指令中组合的多条实指令进行执行规则的配置，支持正则表达式、函数、自定义规则等；针对指令是否执行、指令跳转执行等场景的支撑；支持在采集虚指令配置中对单个采集实指令进行关联配置。

3.2.3 采集调度

采集调度根据配置的采集策略及采集服务实例的运行情况，生成采集任务进行分发。采集调度功能如图 3-9 所示。

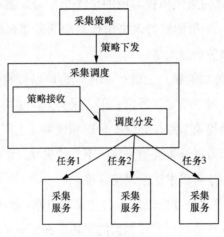

图 3-9 采集调度功能

系统应根据采集策略配置采集源、采集模板、采集服务、采集类型、采集周期等信息，并生成采集任务，再根据各采集服务实例的运行环境和硬件资源的空闲情况进行判断，选择合适的采集节点进行任务分发。

采集调度将采集服务实例的每一次任务派发都作为一个采集任务。可以根据采集策略和采集服务实例，对任务按采集源进行分解，并分发到不同的采集服务实例中。

采集服务支持集群部署，即执行同一种任务的采集服务能够部署多个节点，采集框架在调度任务时能够从采集服务集群中选择一个或者多个节点进行采集任务的执行。

1. 策略接收

采集调度通过 API 接收系统配置后下发采集策略，这些策略包括在采集功能模块上配置的采集策略。策略接收功能将收到的策略信息提交给调度分发模块，然后由该模块下发至具体的采集服务进行任务执行。

2. 调度分发

系统应通过采集分发功能将采集任务分发到不同的采集服务实例。调度分发功能包括任务项生成、任务分发。

（1）任务项生成

调度分发模块根据采集策略生成采集任务项，再根据每个采集任务分发到合适的采集服务实例上。每个（批）采集源的每一次采集都是一个采集任务，一条多个采集源的采集策略，将生成多个并发的采集任务。

对于指令采集方式，要通过采集模板中的采集指标，查找对应的采集虚指令，再根据采集源的厂家和接口协议找到对应的实指令，生成实指令包，作为任务派发的参数下发任务给指令采集通用服务来执行。

调度分发模块可实现对采集策略的解析，生成采集任务。对于周期性采集，按周期生成多个任务项，由周期时间触发分派到相应的采集服务实例。对于即时采集，只生成一次采集任务，对于数据补采，按补采时间要求生成一次采集任务项。

（2）任务分发

调度分发模块会根据每个服务实例运行设备的负荷情况、采集任务堆积情况、采集服务实例管理域情况等进行综合考虑，将不同的采集任务分发到对应的采集服务集群中的一个或多个节点，以实现就近采集原则及资源的负荷分担。

采集调度将采集任务分发到不同的采集服务实例时，应支持不同的分发策略，具体如下。

- 轮询：即按照顺序轮流执行任务。
- 随机：随机选择采集服务实例执行任务。
- 一致性 Hash：每个任务按照 Hash 算法固定选择某一个采集服务实例，且所有任务均匀地散列在不同的采集服务实例上。
- 不经常使用：分发到使用频率最低的采集服务实例。
- 很久未使用：分发到最久未执行任务的采集服务实例。

3.2.4　采集服务

统一实时采集部分由采集框架和采集服务组成，采集框架实现配置、监控及对采集服务的调度管控；采集服务根据采集框架派发的采集任务与网元进行适配对接获取数据，并对原始数据进行格式化和归一化处理后，送到数据存储模块进行存储，再由采集框架的数据处理模块进一步加工处理。采集服务可以按网络专业、采集管理区域、协议类型等进行划分，各个服务可以随时插入采集框架，通过配置实现对此服务的调用和数据采集。在采集服务部署时，可以考虑前置的部署方式，采集服务可以按集群方式靠近采集源进行部署。

采集服务与采集框架有较多交互，包括服务注册和注销、心跳检测、采集服务器性能上报、采集源、采集模板、采集指标的同步，以及采集任务的派发及任务状态的上报等。

采集服务一般具有以下功能。

1.　采集配置数据同步

采集服务需要同步采集框架中的配置数据，包括采集源、采集模板、采集指标、结果解析规则、指令执行规则。

- 支持采集框架下发采集源、采集模板、采集指标、结果解析规则、指令执行规则信息到采集服务。
- 支持采集服务查询采集框架中的采集源、采集模板、采集指标、结果解析规则、指令执行规则信息。

2.　采集任务接收

采集调度通过对采集策略解析后生成采集任务，并将任务下发至采集服务实例进行执行。采集服务在收到采集任务后执行。当收到采集任务后，从缓存在本地的采集源和采集模板中解析到具体要采集的对象、采集协议、采集内容等信息后，进行网元协议适配连接。接收到采集指令包的任务后，要对指令包进行解析。

3. 协议适配

根据采集源中的相关信息，实现与采集源（网元或网管）的接口协议适配和连接。可以适配的协议类型包括 FTP、SNMP、Telnet、SSH、MML、TL1、Telemetry、Trap、Syslog、Socket、SDTP、netflow、IGP、BGP、BGP-LS、SR、Restful 等。

在连接时如果出现异常，采集服务则需要按照规则进行重试，重试次数支持自定义。

4. 数据检测

在连接上采集源后，采集服务能够及时检测采集源上的原始数据的准备情况，准备好数据后立即进行采集。支持根据配置的自动补采规则进行补采，在设定的等候时间内如果需要采集的数据已经准备好，则进行补采；如果在设定的时间内需要采集的数据没有准备好，则需要上报数据采集异常的消息。

采集服务可以配合数据源侧的情况，尽最大可能完整、及时地采集数据。

5. 数据预处理

采集服务能够对采集数据进行基本解析，完成数据的归一化处理，具体说明如下。

- 数据解析主要是对采集到的设备厂家的原始数据进行解析和翻译成标准格式。
- 将原始数据进行简单的数据转换，输出统一的标准数据。
- 可以完成原始数据的字段排序、格式单位统一、字典值取值统一，例如格式化流量单位、格式化时间戳等。

6. 数据推送

采集服务将数据传送到云网基础数据存储模块后，发送消息到采集信息发布模块，通知其当前任务采集完成，采集信息发布模块再通知云网基础数据存储模块数据采集完成。

采集服务完成数据采集并对数据进行解析和归一化处理后，将其进行推送，具体介绍如下。

- 文件类的数据，根据数据要求放到云网基础数据存储模块相应的目录中或者将文件中的数据入库。

- 消息类的数据，根据数据要求放到相应的队列下或者消息入库。

7. 监控信息上报

采集服务能够定时上报其自身所在服务器的 CPU 使用率、内存使用率、磁盘使用率及输入输出（Input/Output，I/O）等待等信息至采集框架，采集框架可以依据此信息进行采集服务健康度监控及采集任务调度分发。

3.2.5 数据加工

数据加工功能如图 3-10 所示。

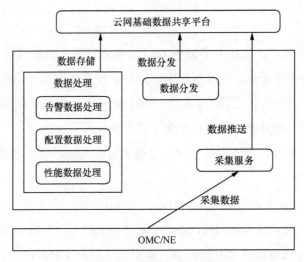

图 3-10　数据加工功能

采集服务将采集到的数据文件经过格式化和归一化等预处理后，发送到云网基础数据存储模块进行存储。将告警信息送往数据存储模块的告警消息队列，将数据文件送往数据存储模块的文件存储系统，然后由数据处理模块根据上层应用系统的要求，对数据进行统一处理后与原始数据分开存储。各类数据的主要处理功能如下。

1. 告警数据处理

采集服务将告警数据上报给采集框架后，由采集框架对原始告警数据进行入库，同时进行统一的告警数据处理，处理完成后，上报给数据存储模块的告警消息队列，再由上层各专业调度运营系统进行告警呈现。要考虑告警数据的时效性，在不影响告警呈现及时效性的情况下，进行相应的告警数据处理。具体处理内容如下。

- 告警归一化处理：对告警格式和字段字典值进行统一，按照告警标准化的要求进行归一化处理。例如对告警码、告警名称、告警级别、告警类型等字段进行规范化处理。对各专业行列的告警信息，也要进行专业内的标准化处理。

- 告警过滤：根据规则进行屏蔽，例如根据原始告警属性对事件告警、低等级告警进行屏蔽，以及根据上层各专业运营调度系统等应用下发告警过滤规则。

- 告警压缩：在采集功能模块，根据设置的规则，实现对相似的告警进行压缩，例如对于短时间内发生的相同告警，可以压缩成一条告警信息进行上报。告警压缩应不影响上层对告警原因的分析。

- 告警关联：采集功能模块根据告警关联规则，对不同的告警信息做关联，方便上层应用查找告警原因。例如链路异常时 A 端和 Z 端告警做关联、根据告警位置对告警做关联。

- 割接屏蔽：根据割接场景的要求，配置告警屏蔽规则，对处于割接状态的网元的告警进行屏蔽。

- 告警风暴：针对不同设备，在规定的时间段内，当同一采集源产生的告警超过设定阈值时，要进行风暴处理；可以根据设置的规则进行处理。

具体实现哪些处理功能，应根据上层需求来进行设置。

2. 配置数据处理

采集功能模块框架对采集服务送到数据存储模块的配置数据文件进行数据处理，经过数据解析与转换、数据关联、数据比对和数据稽核等后，再存入配置数据库，为上层其他应用所使用。

- 数据解析与转换：根据采集模板和网元类型对配置文件进行格式定义和文件解析。解析后对配置对象、配置属性进行简单校验，例如非空字段是否为空等。还要对配置数据按资源数据模型标准进行数据转换，转换后存入数据存储模块统一的资源数据库。

- 数据关联：在配置数据解析后，可以进行配置数据在专业内或跨专业的关联，主要根据采集功能模块北向接口规范中对配置数据模型的要求进行关联。例如，在原始采集文件中，基站配置属性和基站参数信息是两个文件，根据基站 ID，对这两个文件中的相关数据进行专业内关联，也可以对基站接入承载等专业配置数据进行关联。

- 数据比对：根据北向接口规范对数据质量的要求，可以结合资源系统中的数据，进行配置数据比对。
- 数据稽核：稽核配置完整性。将采集到的配置数量（网元数量）与之前采集到的数量进行比较，检测是否有较大的波动。根据检测结果产生配置稽核告警，上报到告警消息队列。

具体实现哪些处理功能，应根据上层需求来进行设置。

3. 性能数据处理

采集功能模块框架对采集服务送到数据存储模块的原始数据文件进行数据解析、数据校验、数据稽核等处理后，再存入性能数据库，为上层其他应用所使用。

- 数据解析：根据采集模板和网元类型对性能文件定义的解析规则，对性能数据文件进行解析，识别出各个性能指标名称及数值等信息。
- 数据校验：对解析出来的指标值，根据设定的校验规则进行校验，并形成数据校验报告。
- 数据转换：根据统一数据建模，集合全专业定义全量的统一性能指标格式。
- 数据关联：性能解析完成后，对有关联的性能数据，建立关联关系。
- 性能数据校验：根据校验模板，对解析后的性能指标进行校验。向上层监控发送异常指标告警。查询采集服务上报的数据是否完成，校验完整后开始进行数据转换。
- 数据稽核：采集框架定义稽核规则，并进行性能数据稽核检查，稽核规则包括但不限于数据数量、数据大小、数据格式、数据更新周期等，对数据文件的完整性、及时性、规范性进行稽核。

具体实现哪些处理功能，应根据上层需求来进行设置。

3.2.6 信息发布

基于感知的算力资源和服务状态，网络节点对收到的算力节点信息进行通告。为了减少网络中的信息发布量，算力网络节点支持对收到的算力节点信息进行汇聚，例如可以按照服务标识信息进行汇聚，在网络中通告汇聚后的算力节点信息，算力状态信息发布有集中式和分布式两种方法。

　　集中式算力状态信息发布如图 3-11 所示。在该方法下，算力网络节点将本节点连接到算力网络节点的信息上报至集中式控制器，该控制器获取全网算力节点的位置信息、资源信息和服务信息等后，生成全网算力拓扑。具体实现时，通过扩展现有的集中式控制协议，例如 BGP-LS 等，携带算力节点信息，或通过扩展 NETCONF/Yang，携带算力节点信息。

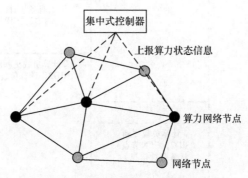

图 3-11　集中式算力状态信息发布

　　分布式算力状态信息发布如图 3-12 所示。在该方法下，算力网络节点通告本节点信息至就近的网络节点后，各网络节点将其连接的算力节点信息发布至临近的网络节点，最终各网络节点生成可以反映网络中算力节点分布情况、状态信息的算力拓扑。当算力状态发生变化时，将更新信息发送至算力网络节点，并在算力网络节点之间通告更新信息。

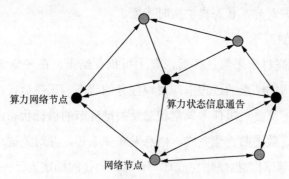

图 3-12　分布式算力状态信息发布

　　算力路由节点之间需要互相通告相关计算节点的网络状态信息及其支持的服务

信息对应的可用计算负载，每个算力路由节点根据获得的完整计算资源信息并结合网络的拓扑信息在本地生成服务状态信息表，指导业务报文转发。算力感知网络控制平面服务信息分发流程如图 3-13 所示。

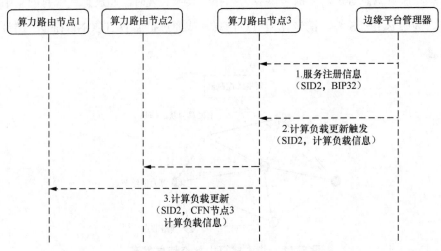

图 3-13　算力感知网络控制平面服务信息分发流程

随着各个算力节点计算性能的变化，算力路由节点需要向算力感知网络发布新的算力状态信息通告，以实现动态服务调度并帮助用户获得最佳的计算资源。

3.2.7　采集监控

采集监控包括采集任务监控、采集环境监控、采集质量监控等，可提供相应的监控页面、日志，并对异常状态提供实时告警。

1. 采集任务监控

采集服务执行完每个采集任务后，要上报执行结果。在采集调度下发采集任务至收到任务执行完成的结果的过程中，采集任务的状态为正在运行，对于正在运行的采集任务，采集服务需要上报任务异常状态及关键环节的执行状态，例如数据采集完成、数据解析完成、数据归一化完成、信息发布完成等，并对关键环节的概要描述信息进行上报，例如，针对数据采集完成环节，可以上传的描述为已完成数据文件采集，采集文件数量 10 个，采集文件大小 100MB，采集耗时 30 秒等。采集监控功能如图 3-14 所示。

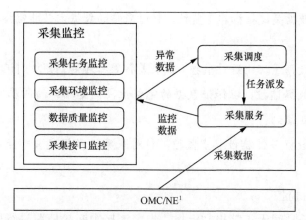

1. NE：Net Element，网元。

图 3-14　采集监控功能

对于采集服务的连接异常、数据获取接收异常、解析异常、数据输出异常等情况进行日志记录，并上报给采集框架进行监控。

对于任务执行异常状态，应发送给采集调度，必要时进行任务重发。

2. 采集环境监控

系统应实现对采集服务的负载（例如 CPU 使用率、内存使用率、磁盘使用率、I/O 等待等）、心跳情况的监控。心跳和负载情况由采集服务上报给采集框架进行集中监控。采集调度可以根据这些信息将任务分发到相应的采集服务实例。

3. 数据质量监控

（1）数据文件监控

按采集任务的粒度统计所采集的数据文件数量、容量，并根据采集服务设定的规则，判断数据是否异常。

（2）数据质量监控

根据规则，对不同数据流的采集业务进行监控，形成采集数据质量监控结果。建议进行以下业务数据质量的监控。

- 性能和配置类数据，对采集的 IP 地址、文件数量、文件大小进行监测，形成以 IP 地址和数据类型为原始粒度的采集结果记录。

- 性能采集数据量按周期环比统计监控，如果差异数据超越门限，则记录为异常信息。

- 性能采集数据关键指标非空监控，针对采集的数据定义非空指标（例如端口光功率）。
- 配置采集数据量环比统计监控，如果差异数据超越门限，则记录为异常信息。
- 配置采集数据监控，以保证数据的完整性，例如端口的所属网元 ID，必须可以在网元匹配到。
- 配置采集数据关键属性非空监控，针对采集的数据定义非空属性（例如网元型号）。

（3）告警消息监控

对告警连接长时间无告警报文上报、告警连接中断等情况进行监控。支持周期性（例如 5 分钟或 30 分钟）统计已上报的告警数量，如果对告警连接长时间无告警或告警量突增越限，则记录告警量为异常信息。

4. 采集接口监控

由采集服务将采集接口的连接状态上报，由采集功能模块框架统一进行监控。要能集中展现所有采集接口的连接情况和运行情况，按周期进行刷新。对于监控中出现的异常情况，应通知采集调度模块，必要时重新派发任务或派发到其他采集服务器。

5. 采集情况统计分析

（1）采集覆盖率情况分析

具备采集功能模块中所有管理的采集源、采集指令、采集指标的覆盖率监控，避免出现平台能力无法覆盖所有的采集对象。具体的采集对象如下。

- 按照专业、类型、厂家、型号和版本等维度统计平台的所有管理对象。
- 按照专业、类型、厂家、型号和版本等维度统计平台所具备的采集指令、采集指标。
- 按照专业、类型、厂家、型号和版本等维度将平台管理对象和平台能力进行关联匹配，输出未覆盖的采集对象。

点击统计数值可查看具体情况。

（2）采集统计视图

具备采集功能模块的采集结果统计分析，主要按照时间维度（例如天）统计如下指标。

- 采集实指令总数。
- 采集虚指令总数。
- 采集指标总数。
- 采集模板总数。
- 采集策略总数。
- 采集调度成功数、失败数、成功率。
- 采集结果成功数、失败数、成功率。
- 采集文件总数、总记录数、总大小数等。

针对失败数，均具备失败明细分析。

(3.3) 算力网络资源调度和交易

网络的泛在化发展加速了数据处理由云端向边侧、端侧的扩散，云、管、端进一步深化。算力网络作为万物互联、万物感知和万物智能的基础，被称为"电信运营商的杀手锏"，将在数字经济时代取代传统网络成为智能社会的"底座"。

对于个人客户，算力网络应用于算力融合，为用户提供更高质量的服务。数据从数据中心分发到边缘，进一步传递给用户，边缘侧在提供渲染、存储等服务的同时，还要提供用户—边—云的确定性网络体验。算力网络可以降低云游戏的应用门槛，可以让用户参与超大规模的联机游戏，实现万人同屏、多端互动。

对于行业用户而言，要求实时处理，在近场的边缘节点或者终端实现应用闭环，例如，要满足金融市场高频交易、AR / VR、超高清视频、车联网、联网无人机、智慧电厂、智能工厂、智慧安防对时延的业务要求。这就要求算力网络支持实时的边缘算力服务和用户、边缘之间的确定性网络。

对于大型互联网服务提供商（Internet Service Provider，ISP）业务，例如，游戏公司可以借助算力网络，完成选址、租机架、用户体验优化方案等一系列工作。用户可以使用低配置的终端，通过购买算力网络服务，而不需要感知算力的位置和算力形态，就可以完成云手机、云计算机等多种形式的云终端配置。

另外，算力网络的交易服务也会涌现出更多的形态，算力网络可以实现数据的全生命周期管理，向数据使用者提供数据＋算力服务，实现数据"可用不可拥"的数据中介服务。

随着算力网络应用场景不断从设想变为现实，算力网络交易的商业模式也逐渐浮现。算力网络的交易模式设想如下。

随着算力网络的发展，未来将会产生大量的算力交易、算力并网等新模式、新业态，也将涌现新的算力供给和算力服务的提供商或者平台。

- 可信算力交易平台。算力网络的服务与交易将依托于区块链的"去中心化"、低成本、保护隐私的可信算力交易平台。在以往的交易模式中，算力消费方和提供方彼此之间的信息并不透明，未来在泛在计算场景中，网络可以将算力作为公开和透明的服务能力提供给用户。在算力交易过程中，算力消费方和提供方分离，通过可拓展的区块链结算和容器化编排技术，整合算力卖家的零散算力，为算力提供方和算力服务的其他参与方提供经济、高效、"去中心化"、实时便捷的算力服务。但目前区块链与算力交易的结合技术仍在探索规划中，满足面向个人客户、企业客户、政府客户等应用场景的服务模式还不清晰，需要更多的思考和验证。

- 多元化平台交易模式。对电信运营商而言，算力时代的通信网络将从端、边、云等向一体化网络演进，对网络的运营管理提出更高的要求，同时也将给现有的算力服务和商业模式带来全新的变革，对整个产业价值链进行重构和升级。算力网络作为电信运营商对外提供服务的新型网络技术设施，需要基于自有的算力资源，以及第三方的算力资源，通过算力网络交易平台来满足多方客户的算力需求。根据电信运营商以往出售网络服务能力的方式，交易模式可以包括自营、代理等多元化的服务模式。但是目前电信运营商对各类算力的整合能力仍然存在考验，云网融合向算网融合的递进仍然任重道远。

- 算力供需对接平台。搭建东西部算力供需对接平台，优化我国东中西部算力资源协同发展格局，有助于形成自由流通、按需配置、有效共享的数据要素市场。例如，中国信息通信研究院搭建的我国首个"算力大平台"，具备数据中心等算力基础设施的多维度信息采集、监测和供需对接等能力。在数据公开方面，该平台展示了我国数据中心多维度热力图、数据中心产业发展指数，以及数据中心绿色低碳等级、国家新型工业化产业示范基地（数据中心）数据，有效指引低碳高质算力基础设施的发展；在网络质量方面，该平台建立起覆盖全国的网络测量体系，该网络测量体系的建设及应用，有望为"东数西算"工程实施及全国算力调度提供有效支撑；在供需对接方面，该平台已经具备数据中心网络需求协同对接的能力。

- 算力互联网（分发平台）。算力互联网是计算中心之间串联形成的计算网络，以网络为载体，接入和聚合全国计算中心的海量物理核心资源，形成持续扩展的算力池。算力互联网能够实现海量算力资源的聚合，从而实现统一调度，按需配比满足各行业对算力的需求。另外，算力互联网涉及计算体系的各个环节，对于打造系统创新生态网络、推动各节点的联动、促进计算产业自身发展极具价值。

3.3.1　算力网络资源调度

算力网络资源调度方案，是通过对全网资源信息的管控，根据用户算力需求从全局视角进行资源的优化选择与分配。算力网络资源调度方案如图 3-15 所示。

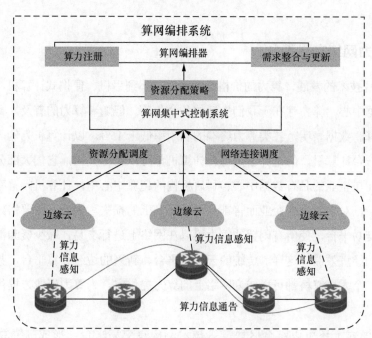

图 3-15　算力网络资源调度方案

根据算力消费方与算力提供方在算力网络交易平台中达成的交易（也可以是匿名交易）情况，算力网络编排管理平台将相应的资源分配策略发送给各资源管理方，例如，通知算力提供方在什么时间段有多少算力资源将被占用，同时刷新平台记录的资源信息数据。

根据网络资源的分配情况，得到网络连接需求，例如在哪些节点间建立多大规模的网络连接，以及提供什么样的服务质量保障，按照这些业务需求，调度相应的网络资源，建立网络连接。注意，这里的网络连接可能是传统的通道建立，也可能是根据业务需求部署相应的网元。

算网编排器基于算力和网络的全局资源视图，根据网络部署状况，选择管理面和控制面实现算力网络协同调度。网络管理向算网编排器通告网络信息，由算网编排调度中心进行统一的算网协同调度，生成调度策略，并发送给网络控制器，生成路径转发表。网络控制器收集网络信息，将网络信息上报至算网编排器，同时接收来自算网编排器的网络编排策略，算网编排器负责收集算力信息，接收来自控制器的网络信息，然后进行算网联合编排，同时支持将编排策略下发至网络控制器，算网编排器负责业务调度。

3.3.2 算力网络交易平台

随着芯片技术的发展，算力的价格日益降低。小到手机、便携式计算机，大到超级计算机、数据中心，算力存在于我们生活的各个角落。但随着算力的普及，算力利用率却在大幅下降。数据表明，各类算力终端的利用率低于15%。以计算机为例，大多数家庭不止拥有一台计算机，但是并不是每台计算机都可以物尽其用，它们大部分时间处于闲置状态。而在企业的私有数据中心、科研机构的超算中心中，计算机闲置率更高。大量算力的浪费，对于家庭或企业而言都是一种经济上的损失。因此，需要搭建一种新型的算力网络交易平台，使所有闲置的算力可以在网络上进行交易，减少资源浪费，提高企业、个人的经济效益。这样，传统的云计算平台、新兴的边缘计算平台，甚至企业闲置的服务器、个人计算机都可以成为网络上的算力提供方，为算力消费方提供多元化的选择。

在商业模式上还可以结合区块链等技术，构建交易平台，形成围绕算力提供方和消费方的多对多的匿名交易模式。

算力网络希望建立类似于电力交易平台的算力网络交易平台,在算力提供方与算力消费方之间建立桥梁,为算力消费方提供一站式服务,使他们不用费时费力地进行一对一谈判与交易,就能购买算力资源与网络资源。

算力网络交易平台负责资源信息的整合与报价,可提供资源消费账单与资源占用账单,执行算力网络交易流程。算力网络交易平台如图 3-16 所示。

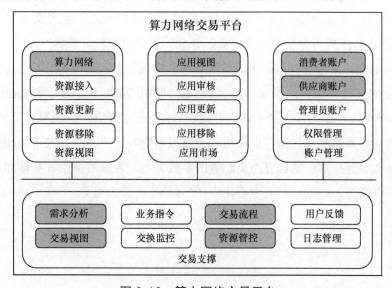

图 3-16　算力网络交易平台

算力网络交易平台的工作内容分为以下 3 类。

第一类工作是资源信息整合与报价。算力网络交易平台从算力网络控制面获得各类算力资源信息、网络资源信息,并根据资源的建设成本、维护成本、稀缺性、竞合关系等制定合理的定价。

第二类工作是提供资源消费账单与资源占用账单,这包括两个方面的内容:一方面是根据算力消费方占用的算力资源、网络资源等信息,给出算力消费方所需支付的账单;另一方面是根据资源的占用情况,为算力提供方和网络运营方分别输出资源出租收入明细。

第三类工作是执行算力网络交易流程,主要步骤如下。

- 第一步:由算力消费方提出业务诉求,例如站点位置、算力资源需求、连接服务要求等。
- 第二步:算力网络交易平台根据算力消费方的业务诉求,生成算力网络资源视图,以算力消费方为中心,将可能的算力资源池、相关的网络连接资源、相关资源消费组合的套餐报价等整合在一张视图中。

- 第三步：算力消费方根据算力网络资源视图选择最适合自己的套餐服务，或自行定制选择相应的资源，然后在算力网络交易平台上签署交易合约。

- 第四步：算力网络交易平台根据交易合约，通过算力网络控制面调度算力资源、建立网络连接等，并更新相应的空闲资源信息。

- 第五步：算力网络交易平台将持续跟踪资源占用情况，直到交易时间结束。在算力网络交易平台终止服务后，释放算力资源与网络资源。

算力网络交易平台可以借助区块链等技术，实现分布式账本、匿名交易等功能。

在以往的交易模式中，买家和卖家彼此之间的信息并不透明，未来在泛在计算场景中，网络可以将算力作为透明和公开的服务能力提供给用户。在算力交易过程中，算力贡献者（算力提供方）与算力使用者（算力消费方）分离，通过可拓展的区块链技术和容器化编排技术，整合算力贡献者的零散算力，为算力使用者和算力服务的其他参与方提供经济、高效、"去中心化"、实时便捷的算力服务。

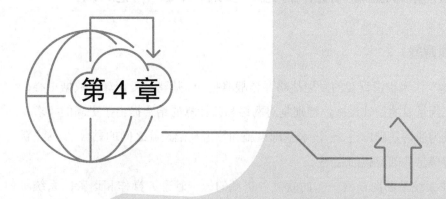

第 4 章

云网融合算力调度
应用与实践

（4.1） 算力感知调度，打造"多边协同"智慧眼睛

4.1.1 实践背景

"新基建"作为我国重要的发展战略，该战略把 5G 基建、云计算、数据中心、人工智能等视为重要的基础设施，特别是对网络和云计算的结合提出了更高的要求。云网融合已成为通信基础设施、新技术基础设施和算力基础设施之间的黏合剂，是"新基建"中新型信息基础设施的底座。

云网操作系统是面向云网一体的软硬件资源的统一管理、操作和运营的系统。它能够屏蔽云网在物理硬件、设备、底层基础设施的差异化，并将其抽象为通用的能力与服务，支撑业务系统实现实时、按需、动态的部署。

- 从技术层面看，云计算的特征在于提供 IT 资源的服务，网络的特征在于提供更加智能、灵活的连接。云网融合的关键在于"融"，其技术内涵是面向云和网的基础资源层，通过实施虚拟化、云化乃至一体化的技术架构，最终实现简洁、敏捷、开放、融合、安全、智能的新型信息基础设施的资源供给。

- 从战略层面看，云网融合是新型信息基础设施的深刻变革，其内涵在于通过云网技术和生产组织方式的融合与创新，电信运营商在业务形态、商业模式、运维体系、服务模式、人员队伍等多个方面进行调整，从传统的通信服务提供商转型为智能化数字服务提供商，为社会数字化转型奠定基础。

- 从行业层面看，云网融合的价值是为数字经济发展提供坚实底座，在技术层面融合的基础上，进一步在业务形态、商业模式、服务模式等更多层面开展融合与创新，赋能千行百业，为行业和社会提供数字化应用和解决方案。

某电信运营商基于视频应用，应结合算网融合趋势，研究城域网如何实现全网算力资源的统一管理，如何建立算力和网络的协同管理与调度架构，实现算力资源的灵活、安全接入，按需调度与分配及高效运维和运营，通过将计算任务调度至最优节点，保障业务的算力需求，实现全网资源的高效协同。探索城域网及边缘云的云网互调应用场景，研发云网互调能力，实现跨资源池的算力调用，解决省市资源未共享、资源使用不均衡等问题。

4.1.2 案例描述

1. 应用组网要求

视频应用在某电信运营商某省分公司各地市独立部署视频云网及"智慧眼睛"应用平台，各地市前端智能摄像头采集的人脸/人体图片经电信运营商视频接入线路汇聚到基于电信视频云网构建的地市"智慧眼睛"平台后，利用电信运营商现有的链路、对接边界、FTP 等机制汇聚到部署在 D 市"智慧眼睛"平台的省级转发节点中，后通过视频专线点对点传送至客户内网。"智慧眼睛"平台组网如图 4-1 所示。

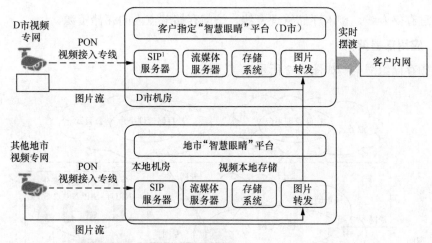

1. SIP：Session Initiation Protocol，会话初始协议。

图 4-1 "智慧眼睛"平台组网

（1）监控视频调阅功能

"智慧眼睛"平台完成对前端设备的接入、注册和管理后，视频被保存在电信运营商本地的中心机房中，同时提供视频调阅功能，供第三方平台通过专线进行视频调阅。

（2）图片汇聚转发功能

"智慧眼睛"平台完成前端设备的接入，抓拍图片的实时上传、汇聚和分发，将抓拍图片缓存到电信运营商的中心机房中，第三方平台通过专线获取图片数据，并做进一步分析应用。

（3）前端及汇聚功能

前端接入：部署智能抓拍机，通过电信视频接入专网，接入地市"智慧眼睛"

平台。

地市平台：地市"智慧眼睛"平台实现接入、视图存储、图片摆渡。

汇聚网络：全省视频专网互通，抓拍图片实时汇聚至指定的"智慧眼睛"平台。

（4）对网络组织的要求

通过视频接入专线，接入视频专网，将视频流通过视频网关存储到存储节点上。

通过市级视频组网专线，接入视频专网，实现各种视频流的调阅。

通过省级视频组网专线，连接到位于公有云的省级视频网关，实现全省跨地市的视频调阅。

通过存储专线，接入存储管理专线，访问存储节点内的存储资源。

2. 应用部署架构

视频存储组网架构如图 4-2 所示。

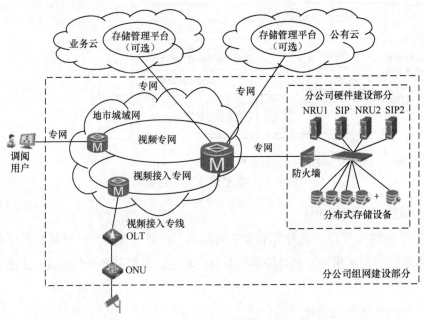

图 4-2　视频存储组网架构

总体部署情况如下。

- 全省各地市部署视频云网分布式文件存储节点。
- 网络设备：每个节点有 2 台防火墙、2 台接入交换机、2 台管理交换机。
- 服务器：分公司根据业务自行购置或利旧服务器。

- 存储：分公司根据业务自行购置分布式存储，全省部署存储 51.6PB。

- 组网方案：全省各地市的视频云网结构都是一样的，视频云网和"智慧眼睛"平台都部署在分公司，通过 2 台交换机和 2 台地市城域网作为主点的 MSE[1] 对接，整个视频云网共部署 1 个存储管理 VPN 和 3 个业务 VPN（视频接入 VPN、视频组网 VPN 及视频存储 VPN），摄像头通过视频接入 VPN，将视频流上传到视频云网，视频云平台接入视频组网 VPN，为用户提供调阅视频、监控视频服务，用户通过视频存储 VPN 远程挂载购买的空间，进行读写操作。每个 VPN 都通过主点 MSE 的不同子接口和本地存储服务器、"智慧眼睛"平台互通。

各地市算力资源不共享、业务发展不均衡，导致各地市算力资源闲忙差异较大。

3. 云网调度场景

1）云网调度场景目标

云网汇接中心通过对异构资源采用多样化感知采集手段，获取面向云网业务、客户、资源及基础设施等层面的服务质量、网络质量、业务质量的相关信息，并基于一定的客户服务质量评价模型，实现全面掌控云网业务及网络实时质量的指标体系。基于"智慧眼睛"平台，将客户 / 业务服务能力转换为面向云网异构资源的服务调用要求。同时，通过将云网资源实现一体化的抽象与能力封装，从复杂的物理网络中抽象出简化的逻辑网络设备和虚拟网络服务，为异构的云网资源提供统一的网络服务抽象，从而实现云网资源的统一管理和调度。

2）云网汇接中心架构

云网汇接中心组网如图 4-3 所示。

云网汇接中心部署在全省各地市，在 G 和 S 两个地市各自部署了 2 台云 P 设备作为中心节点，各地市部署了 2 台网 PE，G 市公有云、S 市公有云各部署了 4 台云 PE 设备。云 P 与云 PE 以 10GE 链路口字形连接；地市网 PE 与云 P 以 10GE 链路口字形连接；地市网 PE 以 10GE 链路与城域网或同步传输网络（Synchronous Transmission Network，STN）对接，实现城域网 /STN/5G 网络接入。在每个地市部署边缘云（视频云网）接入 2 台 MSE，实现边缘云接入云网汇接中心；G 市公有云、S 市公有云、F 市桌面云通过云 PE 接入云网汇接中心；他云通过第三方云网络接入 G 市、S 市云 PE，实现跨域、

1　MSE（Muti-Service Edge，多服务边缘）是一个新型设备，位于 IP/MPLS 网络边缘。

跨省的他云接入。

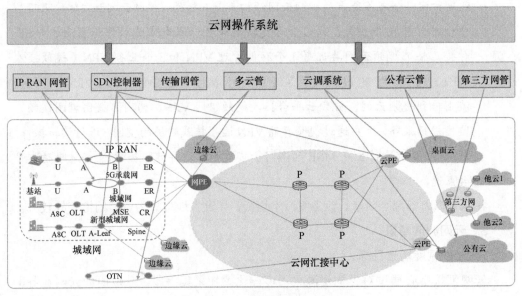

图4-3　云网汇接中心组网

云网汇接中心连接多云和多网，云网连接预部署，入网即入云。通过SRv6+EVPN技术实现业务一线灵活入多云、智能切片、业务敏捷开通。SRv6+EVPN架构如图4-4所示。

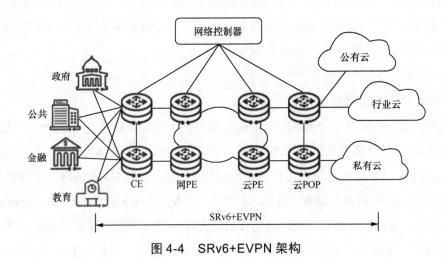

图4-4　SRv6+EVPN架构

（1）SRv6实现原理

SRv6是Native IPv6技术。

按照 RFC 8200 描述，IPv6 报文由 IPv6 基本报文头、IPv6 扩展报文头及上层协议数据单元 3 个部分组成。

IPv6 基本报文头有 8 个字段，固定大小为 40 字节，每个 IPv6 数据包必须包含 IPv6 基本报文头。IPv6 基本报文头可提供报文转发的基本信息，会被转发路径上的所有设备解析。

为了更好地支持各种选项，IPv6 提出了扩展报文头的概念。扩展报文头在新增选项时不必修改现有的报文结构，理论上可以无限扩展，在保持报文头简化的前提下，还具备优异的灵活性。

IPv6 扩展报文头被置于 IPv6 基本报文头和上层协议数据单元之间。一个 IPv6 报文可以包含 0 个、1 个或多个扩展报文头，仅当需要其他节点做某些特殊处理时，才由源节点添加一个或多个扩展报文头。

SRv6 是通过路由扩展报文头来实现的，SRv6 报文没有改变原有 IPv6 报文的封装结构，SRv6 报文仍为 IPv6 报文，普通的 IPv6 设备也可以识别，所以我们说 SRv6 是 Native IPv6[1] 技术。SRv6 的 Native IPv6 特质使 SRv6 设备能够和普通 IPv6 设备共同组网，对现有网络具有更好的兼容性。利用 SRv6，只要路由可达，业务就可达，路由可以轻易跨越自治系统（Autonomous System，AS）域，业务自然也就可以轻易地跨越 AS 域，这对于简化网络部署，扩大网络范围非常有利。

为了基于 IPv6 转发平面实现分段路由，IPv6 路由扩展报文头新增了一种类型，即分段路由扩展报文头（SRH），该扩展报文头指定了一个 IPv6 的显式路径，存储的是 IPv6 的路径约束信息。

头节点在 IPv6 报文中增加了一个 SRH 扩展报文头，中间节点就可以按照 SRH 扩展报文头里包含的路径信息进行转发。

如果节点不支持 SRv6，则不执行 SR 路由操作，仅按照最长匹配查找 IPv6 路由表转发。

SRv6 SID 是 IPv6 地址形式，但也不是普通意义上的 IPv6 地址。SRv6 的 SID 具有 128 个比特，足够表征任何事物。结构化的 SRv6 SID 由 Locator（标识 SRv6 节点的定位器，每个节点起码有一个全局唯一的 Locator 值，作为本地 SID 的共享前缀，

1　Native IPv6 是 IPv6 的一种模式，Native 这种模式一般是由路由器进行拨号，连接的为公网 IP，无网络防火墙，适用于多数情况，类似于动态主机配置协议自动分配 IPv6 的地址。

其他节点通过 Locator 路由访问本节点 SID）和 Function（标识 SRv6 节点内的不同行为）两个部分组成，格式为 Locator：Function，其中，Locator 占据 IPv6 地址的高比特位，Function 占据 IPv6 地址的剩余部分。

SRv6 SID 不仅可以代表路径，还可以代表不同类型的业务，也可以代表用户自己定义的任何功能。所以说，SRv6 具有更强大的网络可编程能力。

（2）SRv6 智能连接部署

传统的 MPLS 网络协议多，配置复杂，需要跨域业务开通，业务拼接复杂。新业务需要协同多个厂商开发，电信运营商要通过对网络进行自定义编程，来实现云网业务的智能开通。

引入 SRv6，将协议层扁平化，使用一种协议实现端到端路径可控，同时利用 IPv6 灵活穿越 OTN、MPLS 等各种网络，通过三级编程能力、灵活编排网的能力和云的能力，构建云网融合。在网络侧，通过 SRv6 的可编程能力达成网络服务化开放，将网络和业务进行深度融合。

AS 下 E2E SRv6 VPN 的主要部署介绍如下。

- 云网汇接中心属于一个 AS 域，每个城域 IP Backhaul 属于不同的 AS 域。
- 每个接入域通过一对 B 设备连接汇聚网络；每个汇聚网络通过一对网 PE 设备连接云网汇接中心网络。
- 接入侧部署非独立 RR（B 设备兼做 inline-RR），汇聚侧部署独立 RR。
- 基于 SRv6 的隧道，分为 SRv6 BE 和 SRv6 Policy 两种情况。SRv6 BE 和 SRv6 Policy 一起使用，切片一般采用 SRv6 Policy。
- 端到端的业务承载采用 EVPN L2/L3 VPN。

（3）切片整体方案

5G 和云业务要求承载网支持网络切片，满足业务端到端的定制化连接与服务质量保证需求。承载网切片如图 4-5 所示。

基于 IETF VPN + 架构的承载网切片，包括管理层、控制层、转发平面层 3 层，具体介绍如下。

- 管理层实现了切片生命周期管理。最顶层是承载网络切片的管理层，负责网络切片的全生命周期管理（包括创建、监控、调整和删除），实现切片的可视化管理和服务，同时还提供与网络切片管理功能（Network Slice Management Function，NSMF）交互的接口，用于实现 5G 端到端网络切片的协同。承载网切片管理器可以提供切片的自动化流程，包括规划、建设、运维和优化 4 个阶段，简称"规、建、维、优"，通过 iMaster-NCE 控制器将切片创建后，才能在切片里派发业务。

- 控制层可以进行业务和切片资源灵活映射。控制层是网络切片控制面，用于在网络中生成多个具有定制化的拓扑和资源属性的网络切片，从而为不同的切片租户提供差异化的承载服务，并根据转发面提供的网络切片标识，指导不同切片的业务报文进行映射，并按照对应切片的路由和策略进行转发。

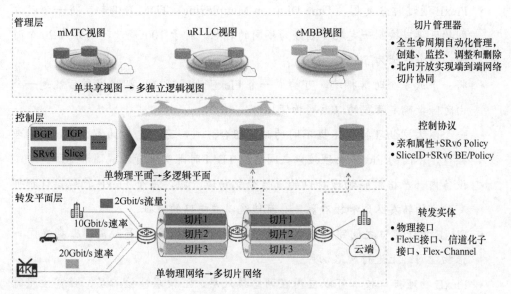

图 4-5　承载网切片

- 转发平面层实现了资源隔离和预留。底层是物理网络转发层，由具有资源切分和预留能力的网络节点和链路组成，用于为不同的网络切片提供满足需求的共享或独享的网络资源。组网中主要采用灵活以太网（Flexible Ethernet，FlexE）接口、信道化子接口、Flex-Channel 实现切片资源的硬隔离。

对于承载网络，不同业务接入不同的 AC 侧 VLAN 子接口，不同切片的业务配置不同的虚拟路由转发（Virtual Routing Forwarding，VRF）实例，用来承载绑定相应的子接口；在承载网络侧，不同切片有不同的 SRv6 Policy 或切片 ID 隧道；各切片业务的 VRF 实例分别绑定迭代到对应切片的 SRv6 隧道，实现业务与切片的绑定。一个切片可以支持多个业务（例如 L2/L3 EVPN 等）。

① 智能切片转发面方案

转发面的资源隔离和保留是切片实现的基础，主要用 QoS、FlexE 接口（含 FlexE-Channel）、物理接口等方式实现。

基于队列的 QoS 调度，一般通过优先级区分业务，无法提供独立的资源预留，是一种"软切片"方式。

FlexE（灵活以太网）物理接口方案介绍如下。

- FlexE 通过时分复用（Time Division Mutiplexing，TDM）机制，将一个以太网物理接口按照一定规律划分为不同的时隙，对于 100GE，可划分为 20 个时隙，每个时隙为 5Gbit/s 带宽。

- 将一个或多个时隙捆绑，可构成一个 FlexE 物理接口，捆绑完成后就是一个由时隙数确定带宽的以太网物理接口。

- 一个以太网物理接口根据不同的时隙组合方式，可以划分为多个 FlexE 物理接口，不同的 FlexE 物理接口之间通过 TDM 时隙实现资源隔离和保障。

- 设备内部严格按照物理接口的属性分配物理资源，每个 FlexE 物理接口都拥有独立的转发队列和缓冲器，具有传统以太端口的特征。

- FlexE 物理接口之间完全隔离，互不影响，流量在物理层隔离，业务在同一张物理网络上进行网络切片。

- FlexE 物理接口技术可以应用在网络接入层、汇聚层、核心层，带宽按照时隙颗粒进行平滑扩缩容。

② 基于亲和属性的网络分片方案

基于亲和属性的网络分片方案，为各切片的逻辑链路配置 IP 地址、带宽、亲和属性等，控制面基于亲和属性计算切片的 SRv6 Policy 或 SR-MPLS TE 隧道，业务报文本身不携带切片信息，切片业务的 VRF 实例绑定切片内隧道，约束流量在特定切片预留资源内转发，实现切片的绑定。

基于亲和属性的分片方案要求各网络分片链路配置 IP 地址，每个切片都要有一套 IP 地址，对 IP 地址的资源需求大。三层链路信息需要在 IGP 中扩散，IGP 压力较大，而网络切片规格和 IGP 组网规格强相关，故规格会受限。

引入全局网络切片标识 SliceID：以 FlexE 物理接口为基础，一个物理接口下的 FlexE 划分出所有的切片隔离接口，共享物理口的 L3 层属性，包括物理主接口上的 IPv6 地址 / 链路 Cost、物理接口的三层邻居、基于物理主接口测量得出的链路时延、基于物理主接口分配的邻接 SID 标签等，为每个 FlexE 切片隔离接口（一个网络切片）规划并配置全局唯一的 SliceID，实现切片的标识。

在 SRv6 转发面报文中携带 SliceID，中间逐跳节点识别 SliceID 并约束流量在特定 FlexE 切片资源中转发，从而实现业务与切片的绑定，保障切片业务 SLA。

切片不用配置 IP 地址，可支持 K 级以上的海量切片。

（4）云网汇接中心网络质量测量方案

云网汇接中心采用随流检测技术（in-situ Flow Information Telemetry，iFIT），iFIT 是一种带内测量技术，能够准确识别用户意图，实现网络的端到端自动化配置，实时感知用户体验并进行预测性分析和主动优化的需求。

iFIT 通过在真实业务报文中插入 iFIT 报文头的方法进行检测，这种方法可以反映业务流的实际转发路径，配合 Telemetry 高速数据采集能力实现高精度、多维度的真实业务质量检测。iFIT 基于设备透传、转发路径自动学习等能力，实现了对大规模、多类型业务场景的灵活适配。

iFIT 通过在真实业务报文中插入 iFIT 报文头实现故障定界和定位，这里以 iFIT over SRv6 场景为例，展示了 iFIT 报文头结构，再通过介绍染色标记位和统计模式位这两个关键字段功能，说明 iFIT 是如何实现故障的精准定位的。

① iFIT 报文头结构

在 iFIT over SRv6 场景中，iFIT 报文头封装在 SRH 中。运维人员只需要在指定的具备 iFIT 数据收集能力的节点上进行 iFIT 检测，就能有效兼容传统网络。

iFIT 报文头主要包含以下内容。

- 流指令标识（Flow Instruction Indicator，FII）：FII 标识 iFIT 报文头的开端并定义了 iFIT 报文头的整体长度。
- 流指令头（Flow Instruction Header，FIH）：FIH 可以唯一标识一条业务流，L

和 D 字段提供了对报文进行基于交替染色的丢包和时延统计能力。

- 流指令扩展头（Flow Instruction Extension Header，FIEH）：FIEH 能够通过 E 字段定义端到端或逐跳的统计模式，通过 F 字段控制对业务流进行单向或双向检测。此外，FIEH 还可以支持逐包检测、乱序检测等扩展功能。

② 基于交替染色法的 iFIT 检测指标

丢包率和时延是网络质量的两个重要指标。丢包率是指在转发过程中丢失的数据包数量占所发送数据包数量的比例，设备通过丢包统计功能可以统计某一个测量周期内进入网络与离开网络的报文差。时延是指数据包从网络的一端传送到另一端所需要的时间，设备通过时延统计功能可以对业务报文进行抽样，记录业务报文在网络中的实际转发时间，从而计算得出指定的业务流在网络中的传输时延。

iFIT 的丢包统计和时延统计功能可以通过对业务报文的交替染色来实现。染色就是对报文进行特征标记，iFIT 通过将丢包染色位 L 和时延染色位 D，置 0 或置 1 来实现对特征字段的标记。业务报文从 PE1 进入网络，从 PE2 离开网络，通过 iFIT 对该网络进行丢包统计和时延统计。

从 PE1 到 PE2 方向的 iFIT 丢包统计过程描述如下。

- PE1 在 Ingress 端标记每个业务报文的 L 染色位为 0 或 1，每个周期翻转一次，统计周期内的 0 或 1，并计算报文数 $Tx[i]$。
- PE2 在 Egress 端延长统计周期（避免报文乱序影响统计结果），每个周期独立统计周期内的 0 或 1，并计算报文数 $Rx[i]$。
- 计算第 i 个周期内的丢包数 $=Tx[i]-Rx[i]$，第 i 个周期内的丢包率 $=(Tx[i]-Rx[i])/Tx[i]$。

PE1 和 PE2 间的 iFIT 时延统计过程描述如下。

- PE1 在 Ingress 端对某一业务报文的 D 染色位置 1，并获取时间戳 t_1。
- PE2 在 Egress 端接收到经历网络转发与时延的 D 染色位置 1 的业务报文，并获取时间戳 t_2。
- 计算 PE1 至 PE2 的单向时延 $=t_2-t_1$，同理可得出 PE2 至 PE1 的单向时延 $=t_4-t_3$，双向时延 $=(t_2-t_1)+(t_4-t_3)$。

通过对真实业务报文的直接染色，辅以部署 1588v2 等时间同步协议，iFIT 可以主动感知网络的细微变化，真实反映网络的丢包和时延情况。

③ 端到端和逐跳的统计模式

在现有检测方法中，常见的数据统计模式一般分为端到端（The End to End，E2E）和逐跳（Trace）两种。E2E 统计模式适用于需要对业务进行端到端整体质量监控的检测场景；逐跳统计模式则适用于需要对低质量业务进行逐跳定界或对 VIP 业务进行按需逐跳监控的检测场景。

云网汇接中心连接云网基础设施，为数字化平台提供云网基础设施的底座：在网侧通过接入、骨干等网络，一方面连接了空、天、地、海各种网络，例如移动通信网络（4G/5G）、物联网、固定网络等；另一方面接入了各种泛在的终端，包括移动通信终端，例如手机等。各种智能传感设备、各种智能交通设备、机器人等智能设备等，实现网络的智能、泛在连接。在云侧则通过云 PE 连接公有云、第三方云，通过网 PE、A-Leaf、MSE 连接边缘云。

在云网基础设施之上是资源部分，包括云资源（计算、存储）、网络资源（主要是指城域网）、算力资源（主要是指面向 AI 的计算资源，例如 GPU），形成多源异构的资源体系。

在资源设施之上是统一的云网操作系统，系统对各种资源进行统一抽象、统一管理和统一编排，实现泛在接入多云互联业务的自动开通、网络智能运维及边缘云创新场景应用支撑能力，并支持云原生的开发环境和面向业务的云网切片能力；利用大数据和人工智能技术对复杂的云网资源进行智能化的规划、仿真、预测、调度、优化等，实现云网管理的自运行、自适应、自优化。

4. 云调网应用场景技术方案

1）应用场景方案

A 市边缘云算力不足，无法及时扩容，不能满足 A 市业务发展需求，而传统资源扩容方案从方案招标、设备采购、设备上架到设备部署，按月计算整个资源扩容周期，严重拖延了业务的发展速度。云调网应用场景在 B 市边缘云分配算力承载 A 市的新发展业务，通过云网汇接中心能力，支持城域网边缘云资源一体化管理，实现省市跨域资源的共享，按需高效提供弹性资源；支持"智慧眼睛"平台云网资源的自动化开通与自适应调度。云调网应用场景技术方案如图 4-6 所示。

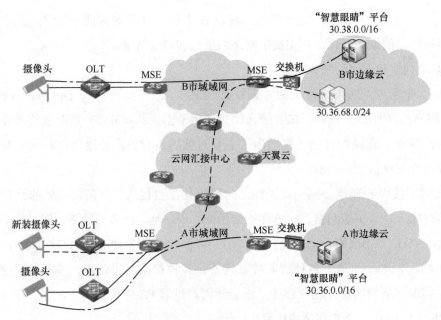

图 4-6 云调网应用场景技术方案

2）应用调度流程

（1）人工触发 / 自动触发

人工触发：应用管理员登录云网操作系统自服务控制台，进入云调网应用场景，选择需要扩容的边缘云节点、服务能力、业务容量，确认发起云调网应用场景。

自动触发：云网操作系统通过采集云网资源的动 / 静态数据，定时分析云网资源数据，检测到 A 市边缘云节点算力或存储使用率过高，无法为新增业务分配算力或存储资源，需要在其他地市边缘云节点扩容算力或存储承载新增业务，通过规则引擎触发云调网应用场景。调度流程如图 4-7 所示。

规则引擎是指一套通用的、可配置的、用于因素判断和相应行为执行的技术框架，规则引擎一般用在策略执行、告警等处理上。

规则引擎管理的基础是规则，规则是根据调度和运维支持需要而制定的。规则引擎如图 4-8 所示。

规则主要由两个部分组成：条件和动作。当条件满足时，可执行动作。

条件是指因素，用于逻辑判断，例如，专线时延是否过大、云资源使用率是否过高等。

动作是指行为，例如，调度边缘云能力等。

规则是指在满足某些因素的情况下，执行某些行为的规则，例如，如果专线时延持续超过 50ms，则发短信提醒。

规则引擎包括采预组件、量本组件及策略组件。

① 采预组件

- 支持配置各种数据源的接入方式、事件类型、事件格式等，接入方式包括文件采集、消息交互、服务调用。
- 提供接入服务方式。
- 对原始数据按照配置规则进行格式转换。

② 量本组件

- 根据匹配规则，结合基础资料，对事件进行匹配规则处理。
- 针对事件包，根据量本配置，对用户相关的量本实例进行累积处理。
- 提供服务接口，对指定的量本实例进行查询操作。

③ 策略组件

- 支持将策略规则装载到共享内存中，供策略计算查询使用，并记录更新日志。
- 根据事件类型与对应策略规则的关系，触发对应的策略规则。
- 根据策略动作类型，由插件框架生成对应的策略动作，包括 API 调用、短信、邮件等。

触发策略配置如下。

云网操作系统每 5 分钟采集一次边缘云节点的 CPU、内存、存储使用率，应用管理员可在计算资源调度配置定义边缘云节点 CPU、内存、存储及网络的门限值，当单个指标超过门限值一定时间就会触发自动调度。

考虑资源调度对应用的影响，云网操作系统定义了激进、中等和保守 3

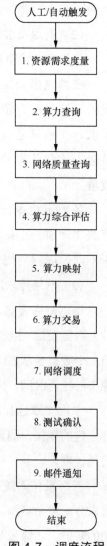

图 4-7　调度流程

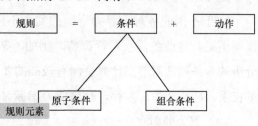

图 4-8　规则引擎

种调度方法，管理员可以在调度配置页面设置调度方法和可执行的时间段。

（2）资源需求度量

资源需求度量是指将业务容量需求转换为算力、内存及存储能力需求。

在算网融合中，存在各类算力业务，不同业务面临差异化需求，单个业务实现需要满足所有条件形成算力需求集合，集合中的每个元素代表一项具体的算力需求。在换算之前首先需要确认业务需求数量，人工触发场景直接选取应用管理员输入的业务需求数量；自动触发场景按应用现有业务容量的20%计算业务需求数量。

各地市边缘云节点服务器的配置不等，同一地市也提供多种配置的服务器，有些物理机、虚拟机、云化物理服务器配置的CPU型号也不同。各地市的存储有所不同，面对网络中分布的各种异构资源，需要实现计算能力资源的抽象表示。

（3）网络需求度量

根据网络带宽、网络时延对网络需求进行度量，网络带宽是指节点在单位时间（1秒）内能发送/接收的最大数据量，表示节点理论上最高传送速度要求。网络时延是指一个数据包从摄像头发送到视频网关服务器，然后再立即从视频网关服务器返回摄像头的往返时间，网络时延需求度量是指业务所允许的最大时延。

本次实践选择的是在现网中运行的视频类应用，且业务在各地市的发展已经具有一定的规模，测量并分析不同视频接入业务在云主机上的计算、存储、网络资源的消耗程度。

云网操作系统需要周期性获取动态算力的度量和评价结果，从而为不同的业务需求分配算力资源，将业务分配到合适的算力节点进行计算处理，完成业务到算力资源的映射。边缘云节点动态算力综合性能计算方法，采用指标评价相似度对多维指标进行处理，得到边缘云节点动态算力综合评价指标。

由于不同业务对于算力资源的需求不同，在计算综合指标时，各子指标的权重需要根据具体业务需求进行调整。例如，某些使用AI算法对图像或视频进行学习和分析的业务通常对节点计算资源有较高的要求，因此，可适当增大计算能力指标对应的权重，减小通信、内存、存储能力指标对应的权重。

（4）算力映射

在边缘云应用中，存在各类算力业务，不同业务面临差异化需求，单个业务实现需要满足所有条件形成算力需求集合，集合中的每个元素代表一项具体的算力需求。相应地，各个边缘云节点具备丰富的计算资源、通信资源、内存资源和存储资源。聚集边缘云节点具备的全部资源，构成资源集合，集合中的每个元素代表一项节点资源。算力映射为了利用算网融合中的特定节点资源支持算力业务实现，需要在算力需求集合和资源集合二者的元素之间建立对应关系。这种对应关系体现在：一项算力业务需求需要通过一系列节点资源才能得到满足，同时，一种节点资源能够支持多种算力业务需求。通过选择和组合适当的资源，满足算力业务需求，实现算力需求到资源的映射匹配。

算力映射三要素是原象、象和映射法则。其中，原象是算力业务应该满足的需求元素；象是边缘云节点具备的资源元素；映射法则是指原象和象之间对应关系的生成原则。映射法则的产生包括映射形式和映射机制两个部分，映射过程中原象与象的数目包括一对一、多对一、一对多、多对多 4 种映射形式。映射机制解决如何将原象和象代表的算力需求元素与资源元素进行合理的对应，即特定的算力需求与哪些节点资源相对应。

基于算力映射三要素，算力需求与资源的映射步骤包括原象的生成、象的生成和映射法则的生成 3 个步骤。

① 第一步：原象的生成

确定算力需求。基于业务场景进行需求分析，拆分复合型业务需求为具有不同子功能的原子业务，利用集合对算力需求进行形式化标识。

② 第二步：象的生成

确定实时资源分布。边缘云节点随着算力业务执行的变化而动态变化。例如，计算资源处于不断的消耗和释放中，为了更加精确地满足算力需求，实现定制化节点资源提供，需要提供实时算力资源状态，利用算力综合评估等方式，获得边缘云动态节点资源，利用集合标识资源。

③ 第三步：映射法则的生成

算力需求与资源的映射法则是构建二者之间的关联关系，保证节点资源支持算力业务实现，满足算力需求。在获得算力需求和边缘云节点资源的基础上，分析算力需求，从节点资源集合选择合适的资源支持算力需求，形成相应的资源组合；针对多种能够满足算力需求的网络能力集合，分别计算当前网络状态下采用每种资源集合可以获得的对应算力需求指标，例如，时延、能耗、优先级等。利用算力需求指标计算算力需求与节点资源的匹配度，即获得的算力需求指标与要求的算力需求指标之间的差距；对比多项网络能力集合的匹配度，选择匹配度最高的资源集合来完成资源分配，按需提供网络服务并进行服务部署。

（5）算力交易

算力交易是指云网操作系统调度多云管在边缘云节点分配应用请求的算力资源。由于 A 地视频接入 VPN 限制了摄像头访问目标地址的范围，通过算力映射确认的算力资源需要分配 A 地目标地址范围内的网络地址。

（6）网络调度

网络调度是指在 B 地资源分配完成后，协同调度多云管配置云上交换机，新增 MSE 链路子接口，配置子接口地址，配置 A 地网段静态路由是指向 MSE 侧对接地址。调度 SDN 控制器新增 VPN，新增上云链路子接口加入 VPN，配置链路子接口地址，配置云上新增资源网段静态路由指向云上交换机；协同 SDN 控制器配置 A、B 两地的网络 PE，配置 EVPN 打通 A 地视频接入 VPN 与 B 地新增 VPN。

在协同云网管和 SDN 控制器之前，需要为业务分配网络资源，网络资源是用于网络编排的、与底层网络部署有关的、不可共享的网络参数。网络资源又分为边缘云资源和城域网资源。其中，边缘云资源的管理以资源池为单位，一个资源池管理的是在边缘云范围内不可共享的特定类型资源。例如，在同一对视频云网接入 MSE 与边缘云交换机之间的物理线路上，为了隔离两个不同 VPN 的流量，需要为两个 VPN 分配不同的 VLAN ID。这些 VLAN ID 就需要用资源池管理，在 VPN 专线开通时，从该专线的物理线路对应的资源池中分配出一个未被占用的 VLAN ID，只要该专线未注销，VLAN ID 就不会被分配给其他开通的 VPN 专线。而当该专线注销时，VLAN ID 需要释放归还给资源池，以便分配给其他的 VPN 专线，否则可用的 VLAN ID 很快就会耗尽。

城域网资源以地市城域网为单位，主要有 VPN 网号，VPN 网号是专线组网的关键参数，不同 VPN 不重复，VPN 的路由标识（Route Distinguisher，RD）/路由目标（Route Target，RT）及 EVPN 的 RD/RT 均基于 VPN 网号按规则生成。

RT/RD 分配规则如下。

全网状组网 RD/RT 分配规则如下。

- RD 格式：AS 号，VPN 网号。
- ExportRT 格式：AS 号，VPN 网号 + 00。
- ImportRT 格式：AS 号，VPN 网号 + 00。

星形组网 RD/RT 分配规则如下。

① 中心点

- RD 格式：AS 号，VPN 网号 + 00。
- ExportRT 格式：AS 号，VPN 网号 + 01。
- ImportRT 格式：AS 号，VPN 网号 + 00。

② 非中心点

- RD 格式：AS 号，VPN 网号 + 01。
- ExportRT 格式：AS 号，VPN 网号 + 00。
- ImportRT 格式：AS 号，VPN 网号 + 01。

本系统的资源管理模块支持上述资源分配与回收逻辑，支持的资源类型包括 VLAN ID、VPN 网号、IP、通用数值。可以根据业务管理的需要新增、删除、修改，并设置每个资源池中的可用资源范围。

云网操作系统按分配的网络资源协同控制器与多云管打通两个边缘云节点之间的网络。

（7）测试确认

测试确认环节主要是云网操作系统测试 A 地视频接入专网与 B 地扩容的资源网络是否连通，云网操作系统协调城域网网管诊断能力，在 A 地视频云网接入 MSE，发起网络时延检测，网络时延检测结果在时延要求范围内，确认云调网应用场景已经正常完成。

（8）邮件通知

云网操作系统在云调网应用场景测试确认后，通过邮件方式通知应用管理员资源配置、IP、密码等相关信息。

4.1.3 实践成效

本次实践基于云网汇接中心网络架构和"智慧眼睛"视频应用，重点探索城域网及边缘云的云网互调应用场景，验证算力度量和算力调度方法，提升了某电信运营商城域网及边缘云异构资源统一管理、统一编排及统一运营的能力，实现了城域网边缘云资源一体化供给。

本次实践提升了某电信运营商省市异构多云资源一体化管理水平，支持云网资源一体化管理，实现省市跨域资源的共享，按需高效提供弹性资源；通过云网资源一体化交付，提升业务运营效率，降低运营成本；通过云网资源一体化运营及云网资源合理规划，盘活算力、存储资源，提升整体使用率；凭借云网融合业务一体化交付及一体化运营等优势，为用户提供一致的服务质量保障，促进云、网、物、安、大数据、AI 等技术深度融合，促进云网应用创新，孵化云网融合创新业务。

(4.2) 算力网络链路，打造"云网安一体"服务

4.2.1 实践背景

1. 云网融合的驱动力

云网融合是云计算发展的要求：网随云动。随着架构在网络基础上的云计算及其应用的快速发展，云计算对于网络的要求正在从简单的提供专线接入向网络能力敏捷易用的方向演进，二者的关系也正从"云被动适应网"向"网主动适配云"的方向演变，网络需要全面升级改造才能适应云计算的发展。

云网融合是网络发展的要求：网络云化。随着近年来一系列新技术、新应用的引入，现有的封闭、刚性网络，已经无法适应发展的需要，网络本身正在从以硬件为主体的架构向软件化、虚拟化、云化、服务化的方向发展，经历着一场以网络云化为代表的网络转型。

云网融合是数字化平台发展的要求：云数联动。随着云计算自身的发展和客户数字化转型的需要，有望提供以网为基础、以云为关键的综合信息服务，实现能力聚合和输出的数字化平台。云数联动正在成为数字经济时代电信业转型的战略方向，云网能力将根据数字化平台的需要进行转型升级。

上述 3 个驱动力的结合正在推动云计算和网络向云网融合的方向演进。

2. 云网安融合的内涵

云网融合是一个新兴的、不断发展的新概念，也是中国电信 CTNet2025 网络架

构的演进方向，坚持"云是关键、网为基础、网随云动、云网一体"的原则。从技术、战略和数字化平台 3 个角度解读如下。

- 技术内涵：云网融合的关键在于"融"，需要重点聚焦云和网的接触点，即云和网的基础资源层。可以将云网融合理解为，云和网的基础资源层的虚拟化、云化和一体化，最终实现"网随云动，云边协同"的一体化融合架构。

- 战略内涵：云网融合不仅是云网技术层面的发展目标，也是电信运营商的战略发展方向。云网融合要通过云网技术、业务形态、商业模式、运营服务模式、组织机制等多层面的融合与创新，从传统的通信服务提供商转型为智能化数字服务提供商，为社会数字化转型奠定坚实、安全的基石。

- 数字化平台：云网融合正在成为国家新型信息基础设施的基础和关键，数字化平台则是新型信息基础设施的发展目标和方向。

例如，2020 年某省电信公司以业务场景为驱动，完成了电信运营商试点要求的 MEC、云网互联网接入点、云网安全、云边协同、新型城域网、新一代云网运营支撑系统等技术点的验证，并额外增加了 5G 定制网、一线多云、视频云与 MEC 融合、安全能力编排、5G 定制网端到端运营系统等自选动作。

本试点内容主要来自 3 个方面的需求驱动：一是在电信运营商试点总体目标框架下，第一阶段试点未涉及或尚有欠缺的部分，在第二阶段中继续深化；二是在电信运营商思路的启发下，省电信公司结合真实业务需求，以及云网融合总体框架，自行在云网融合方向上进行探索和尝试；三是来自电信运营商重点关注、统一安排的试点内容，例如，5G 定制网、云网超级专线等。

4.2.2 案例描述

1. 总体概述

安全能力管理平台为安全能力池的云上用户提供专业的一体化安全管理门户，通过标准的 RESTful API 与安全能力池中的各安全组件模块进行对接，通过服务平台对全局安全资源进行统一管理和调配，实现安全能力的按需分配、统一登录、统一配置、统一使用等。

安全能力管理平台负责对集中化的安全能力池及近源侧的云网 POP 安全能力

专区进行统一管理和调度。安全能力管理平台实现对各类安全能力资源化、服务化和目录化，对安全能力（安全组件）提供全生命周期的一体化管理。用户只需要通过安全能力管理平台即可按需选择和开通 SaaS 化安全服务，快速完成安全能力建设。

安全能力融云提出了面向安全能力池的整体架构，安全能力管理平台作为安全能力统一管理的管理平台主要包括以下两个部分。

（1）展示层

展示层包含了安全自服务平台，为用户自助开通安全能力的入口。

（2）整合平台层

整合平台层为中间层，向上对接自服务平台，向下对接安全资源池。

2. 试点目标

通过建设安全能力池试点项目，验证安全能力池集中部署，随云网 POP 建设近客户侧安全能力组件区的云网安全技术方案，逐步完善方案的全面性，推进安全能力虚拟化、自动化部署，总结经验，进行方案复制推广。

（1）安全能力云化部署

验证在天翼云或 CT 云上部署安全能力的成熟度，按照等保服务要求，测试可云化部署的安全能力数量和品类。

（2）用户安全场景

公网访问安全防护能力和用户内网环境安全防护能力。

（3）业务流向

业务流向主要包括网关类串行流量、旁路镜像类流量、主动监测类流量的流向。

（4）设备配置

安全能力池及云网 POP 安全专区配置规则。

3. 目标架构

目标架构是安全能力池以电信运营商自营的云资源池为基础设施层和虚拟化层，在虚拟化层部署各专业厂商的安全原子能力。各厂商的安全原子能力通过开放北向接口实现与电信运营商自主研发的安全管理平台互通。安全能力管理平台最终目标结构如图 4-9 所示。

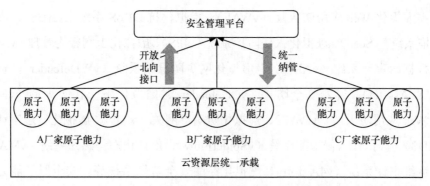

图 4-9　安全能力管理平台最终目标结构

4. 系统定位

安全能力管理平台的定位是安全的统一门户及管理平台，通过统一门户实现对安全资源池的统一管理、统一运维、统一运营。该平台的主要目标是为全网提供统一的安全业务闭环支撑能力、统一的安全能力集中管控能力、统一的安全防护提供能力。

安全能力管理平台为安全能力池和云网 POP 安全专区统一提供安全业务闭环支撑能力。安全能力管理平台可以实现安全业务从展示、订单、编排、服务、运营/运维的全过程闭环支撑能力。提供统一的管理入口，通过安全能力管理平台完成对各类安全资源的申请、开通、创建、使用及运维等全生命周期管理工作。为云环境中的不同用户提供全方位的基于"安全云"的安全保障服务能力。用户可以自行选配、灵活使用，最终建设形成自有的云内业务系统安全解决方案。

安全能力管理平台为集中的资源池和多个近源资源池云提供统一的安全能力集中管控能力，实现对云内虚拟安全设备的全方位管理。例如，防火墙、系统扫描、堡垒机等，包括拓扑、设备配置、故障告警、性能、安全、报表等网络安全管理功能，对云平台上的安全资源进行集中、统一、全面的监控与管理，使安全过程标准化、流程化、规范化，提高故障应急处理能力，降低人工操作和管理带来的风险，提升信息系统的管理效率和服务水平。同时，完成业务编排及流量编排，集成安全服务链，统一向用户提供事前、事中、事后全方位的安全防护能力。

安全能力管理平台还为用户提供包含平台安全和用户安全的完整安全解决方案，安全管理的管理范围包括集中和近源的安全资源池的安全原子能力。

安全原子能力覆盖网络层、主机层、数据层、应用层，包含但不仅限于以下安全能力：虚拟化 Web 应用防火墙（vWAF）、虚拟化抗 DDoS 系统（vADS）、虚拟化漏洞扫描系统（vScan）、虚拟化入侵防护系统（vIPS）、虚拟化上网行为管理（vACG）、虚拟化数据库审计系统（vARDS）、虚拟化网页防篡改系统（vWDefender）、资产测绘系统（vAssetD）、容器安全防护（vCDefender）、虚拟化下一代防火墙（vFW）、虚拟化 Web 应用防火墙（vWAP）、虚拟化防病毒网关（vAE）、虚拟化日志审计系统（vAIRDS）、虚拟化入侵检测系统（vSpiderFlow）、虚拟化态势感知系统（vMAX）、虚拟化运维审计系统（v4A-fort）、虚拟化终端安全防御系统等。安全原子能力应满足云平台和云用户多样化的安全需求。

同时，安全能力管理平台开放接口，允许现有的安全产品接入安全资源池，丰富安全资源池的安全能力。

5. 功能描述

安全能力管理平台功能框架如图 4-10 所示。

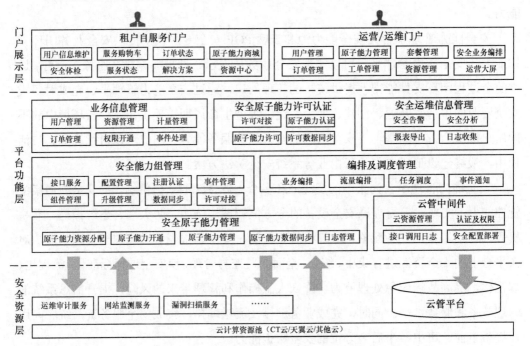

图 4-10　安全能力管理平台功能框架

1）门户展示层

用户登录使用安全资源池的门户入口，集成租户自服务相关应用展示、运营/运维相关应用展示。

租户视角可以实现相关信服维护、安全体检、解决方案了解及选择、原子能力了解及选择、服务选购及订单状态跟踪、服务状态跟踪、资源状态跟踪及相应的安全情况获取。

运营/运维人员视角可以进入用户管理、原子能力管理、服务包管理、资源管理、订单管理、工单管理、安全业务编排，同时实现运营/运维数据报表的展示。

（1）租户自服务服务门户

服务门户为用户提供用户管理员视角，并实现了用户与用户之间的安全隔离，即用户与用户之间的安全数据完全隔离，每个用户只能看到自己的安全数据。

用户可以通过服务平台管理自己所拥有的多个安全产品，实现安全产品统一认证，策略统一下发，业务安全数据统一监控。

用户登录进入服务门户网站首页，安全管理门户实现集中运维，实现对安全设备的管理和调度，提供安全服务中心的可视化管理。安全管理门户主要包含安全门户、资料中心、订单中心、产品中心、实例中心、服务概览和安全监测。

① 用户信息维护

用户能够登录门户网站查看、修改自己的相关信息，包括基本信息、账号信息、状态信息等。

安全能力管理平台既对外部用户提供服务，也对内部用户提供服务。因此，用户分为外部用户与内部用户，安全能力管理平台对两类用户进行不同隔离与管理，同时支持两类用户使用安全服务。

② 安全体检

用户登录后能够查看自己名下资产的体检情况，了解资产的实时信息确保资产安全。

③ 服务购物车

服务购物车能够展示用户选择的安全服务能力，用户能够勾选自己选择的原子能力加入购物车，用户可一键单击购买服务。同一批次购买的原子能力视为同一订单。

④ 服务状态

用户能够在用户控制台实时查看自己购买原子能力的运行状态，确保购买的原子能力能正常运行。

⑤ 订单状态

用户能在订单中心查看自己的所有订单及订单的状态，包括待批订单和全部订单。列表显示订单信息，包括订单编号、订单状态、服务名称、服务规格、购买时长和创建时间等。用户可以按照订单编号、订单状态和服务名称对订单进行查询。

⑥ 解决方案

用户能够在门户上看到安全能力管理平台对于安全的解决方案、推荐的产品、套餐等信息。

⑦ 原子能力商城

原子能力商城能分类展示各项安全服务能力，用户可以在商城查看服务介绍。

用户能够在商城购买自己所需要的原子能力。

购买以后，用户能够查看自己名下购买的所有原子能力，并能对自己购买的每个原子能力进行备注说明。

⑧ 资源中心

用户能够登录资源中心查看各个产品的说明文档和帮助手册。

用户能够通过资源中心接受运维通知、重大信息安全事件通告。

有紧急的升级包或者安全布补丁时，用户能够通过资源中心获取。

（2）运营 / 运维门户

运营 / 运维门户为客户提供整个安全资源池的管理员视角，管理员可以实现对安全资源池的集中、统一、全面的监控与管理，同时，安全运营平台提供了设备配置、故障告警、性能、安全、报表等网络安全管理功能，使安全管理过程标准化、流程化、规范化，极大地提高故障应急处理能力，降低人工操作和管理带来的风险，提升信息系统的管理效率和服务水平。

运营 / 运维门户为管理员提供服务、安全、运维相关的统计及分析数据，协助运营管理员完成相关的工作决策和汇报；具体包含用户管理、订单管理、原子能力管理、工单管理、套餐管理、资源管理等。

相应运营及运维功能支持分级管理模式，可以根据分权分域规则进行展现及管理。

① 用户管理

用户管理包含用户的开通、修改、锁定、删除、平台管理和用户信息的统计信息。

用户能够在后台被管理员添加、删除、锁定、修改，并且所有的用户能够在后台以列表的形式展示，管理员可以直接操作改变用户的状态。

管理员可以在后台对用户进行体检开通和安全平台服务开通，以及相关的管理。

管理员可以查看用户相关产品的配置信息、各个产品的运行情况。在用户授权的情况下，管理员可以对用户的安全资源池配置进行修改。

自助门户用户信息统计、服务市场授权统计和用户关联信息统计，以柱状图、饼状图、趋势图等形式灵活展现。管理员可以查看用户的增长情况、新增用户和已有用户的比率；查看已授权的服务市场的数量、种类和比率；查看用户所在的行业和比率；通过用户概览可以获取对前端用户使用的相关运营数据，协助运营人员判断平台的容量及覆盖客户范围。

② 订单管理

所有用户的订单能够在后台被查看，管理员可以对订单进行审核、拒绝、部署等操作。当管理员对订单进行部署后，后台会调用中间件自动对订单中的产品进行部署，产生安全实例。

- 待审批订单。待审批订单包含订单编号、服务名称、服务规格、用户、创建时间、生效时间、结束时间、订单时长和审批进度。管理员可以编辑和删除订单，并按照订单编号、服务名称、服务规格和所属用户对服务订单进行查询。

- 全部订单。全部订单包含订单编号、服务名称、服务规格、用户、创建时间、生效时间、结束时间、订单时长和审批进度等信息。管理员可以编辑和删除订单，并按照订单编号、服务名称、服务规格和所属用户对服务订单进行查询。

③ 原子能力管理

管理员可以在后台对原子能力各级信息进行添加，每个产品都能有不同的规格。管理员可以添加规格、修改规格价格，包括各个时节的临时活动。同时，管理员可以对各个产品的组合拼装成套餐进行推广。

管理者可以在页面配置，让部分原子能力能在商城被置顶推荐。

④ 工单管理

管理员可以在平台对用户提交的工单进行查看、处理。在处理完工单后把工单状态设置为完结状态。

⑤ 套餐管理

管理员可以在套餐编辑页面将不同的原子能力组合成一个套餐，用于满足用户的各种需求。用户能够在门户页面选择套餐购买。

⑥ 安全业务编排

通过对接用户业务和网络系统，针对不同用户的业务安全需求，实现用户业务主机的网络信息同步和用户网络流量的牵引，并针对用户需求，进行安全能力的创建、启动和加载，通过服务链管理和弹性扩展功能，实现安全能力的调度。

⑦ 资源管理

管理员可以在资料中心上传各个产品说明的帮助文档。

有消息要下发时，管理员可以通过资料中心用户下发全局的运维通知、重大信息安全事件通告等。

针对紧急的升级包或安全补丁，管理员可以通过资料中心统一下发给前端用户。

⑧ 运营大屏

运营大屏包括对安全资源池的监控和对安全服务的监控，以趋势图的形式直观呈现。运营大屏显示安全资源池的 CPU 负载率和内存负载率等，分类统计已用和未用公有网络 IP 的数量，统计物理服务器、虚拟化安全服务、下一代防火墙服务、Web 应用防火墙服务、全球流量分析服务和数据库审计服务的数量。

2）平台功能层

安全能力管理平台的核心业务功能层包括业务信息管理、安全原子能力许可认证、安全运维信息管理、安全能力组管理、编排及调度管理、安全原子能力管理和云管中间件。通过云管中间件及安全组件接口实现与第三方安全组件、云管理平台的联动与信息交互。

（1）业务信息管理

① 用户管理

安全能力管理平台通过多用户管理模块，实现了各个安全服务的用户统一。平台作为整个安全资源池的统一运维服务平台，只需要在平台创建用户账号体系，就可以直接登录到权限范围内的安全服务，对相应的安全服务进行操作管理。

安全能力管理平台的管理员可以通过自己的管理界面进行用户的创建、修改、删除、编辑等操作，统一管理安全能力管理平台云用户的安全。

用户可以在服务平台创建自己的子用户，并给子用户批量授权不同的安全产品和对应的安全产品管理员角色，满足安全三权分立要求。

管理员为用户开通账号及修改、查找、删除用户账号，创建、修改、查找、删除用户资产。

- 用户账号显示用户 ID、用户名称、用户账号、联系人、邮箱、账号状态等信息。管理员可以新增和删除用户账号，编辑已有用户账号的信息，还可以按照用户名称、用户账号和用户联系人对用户进行查找。
- 用户资产显示资产名称、所属用户、资产类型、资产 IP 地址、联系人、手机号、邮箱、创建时间等信息。管理员可以新增和删除用户资产，编辑已有用户资产的信息，还可以按照资产名称、资产类型和资产 IP 地址对用户资产进行查找。

② 订单管理

安全能力管理平台为用户提供统一的订单管理功能。通过订单，管理员可以快速统计安全产品的开通种类、数量、有效时长、产品归属关系等信息，为用户提供完整的安全运营机制。同时，支持订单报表的导出功能，为安全资源池的管理人员提供有效的安全统计报表。

管理员可以查看平台的所有订单，而用户只能查看自己的订单。管理员可以通过审批通过或拒绝用户的安全产品开通申请订单的方式来管控安全资源池的资源分配。

- 服务审批帮助管理员处理服务申请信息，包括待审批订单和全部订单两个部分。管理员可以对申请单进行处理，选择支持同意和拒绝。如果"同意"，系统将自动分配资源进行部署，管理员可以查看部署服务的状态。
- 自主订单，包括待批订单和全部订单。列表显示订单信息，包括订单编号、订单状态、服务名称、服务规格、购买时长和创建时间等。用户可以按照订单编号、订单状态和服务名称对订单进行查询。

③ 资源管理

管理员可以管理云平台的所有资源，查看资源的性能运行情况等信息。

④ 权限开通

用户列表显示用户姓名、登录名、手机、电子邮件等信息。管理员可以对用户进行增删、编辑和锁定操作，还可以通过用户姓名、登录名和用户权限查询用户信息。

⑤ 事件处理

事件处理是一个很关键的流程，为组织提供检测事件，再确定正确的支持资源，以便尽快解决事件。该流程提供了关于影响组织的事件的准确信息，以便能够确定必需的支持资源，并为支持资源的供给做好计划。

（2）安全原子能力管理

① 原子能力资源分配

对于各种业务需求，平台能分析其需要的基本原子能力，通过业务设计来组合各种基础原子能力来实现业务需求，采用微服务架构搭建，将各种能力组合起来从而支撑业务需求。

② 原子能力开通

云用户可以通过安全能力管理平台，自助按需申请安全服务。云上的不同用户对安全的需求各不相同，需要的安全产品能力也不相同，通过安全能力管理平台的用户自助视角，不同的用户可以按需申请不同的安全产品能力或服务，并且这些安全服务的能力支持共享，使其资源利用率最大化。

③ 原子能力管理

用户或者平台管理员可以通过平台登录到原子能力的管理页面，配置相关的安全参数。通过云管理中心对已经纳管的各类云安全资源池中的安全组件进行可视化的全生命周期管理，包括云资源的申请、创建、部署、运维、监控及最终的销毁释放等，对云安全组件进行快捷备份及还原操作，建立面向云安全原子能力的全生命周期管理。

用户默认只看到自身的业务运行情况，并依靠运营中心，对自己业务环境内的安全能力进行统一管理，梳理自己的安全资产，实时监控掌握云内的安全情况。

④ 原子能力数据同步

原子能力通过安全组件接口保持与安全资源池的数据同步。

⑤ 日志管理

每个接口的调用需要用日志记录。

（3）安全能力组管理

安全能力组是指原子能力组合通过对原子能力进行组合，生成新的组合能力，开放给用户调用，使用户能力集更加丰富。

① 接口服务

原子能力管理基于 HTTP 服务提供接口，安全组件接口应满足安全组件接口技术规范，实现相应原子能力服务管理功能。

② 许可对接

平台能够实现许可的对接，并在安全能力管理平台实现许可的分配、查询、调度、关联、统计等相关功能。

③ 配置管理

配置管理用于安全能力组的配置，例如客户安全能力组、行业客户安全能力组等相关配置的增加、删除、修改、查找。通过配置管理接口（安全组件接口规范）实现与原子能力的配置功能。

④ 注册认证

北向业务调用的注册认证，防止非法调用，该功能属于能力组管理的认证，属于平台功能，是在安全原子能力许可获得的基础上由安全能力管理平台根据安全原子能力的编排情况进行相应许可组合及确认认证信息。

⑤ 事件管理

用于通知、异常等事件的管理，包括事件的记录，向业务信息管理抛出相关通知、异常通知。

⑥ 组件管理

安全能力组的组件管理是指安全原子能力组合成的组件，主要用于能力组内元素的执行顺序、事前 / 事中 / 事后关联的执行脚本以及组内元素的增加、删除、修改、查找。例如，"基础安全组"可能只有防火墙应用及规则，"网站安全组"则会有防火墙、Web 应用防火墙、入侵检测等。一个组件的确认还会有相应的执行配置，即服务链。

⑦ 升级管理

安全能力组的升级管理包括能力组的元素的升级变化、升级策略、回滚策略、升级时间和升级权限管理等。

⑧ 数据同步

安全能力组所依赖或者需要的数据与云上相关数据进行同步及相关策略管理。

（4）安全运维信息管理

安全运维信息管理中心为安全资源池上的安全服务及相应云主机提供方便易用的监控及告警机制，体检中心模块针对安全服务的运行状态、安全能力池的系统、网络、负载等进行全方位的安全健康检测，输出详细的报告并给出处理建议。提供微信、短信、邮箱等多种告警方式，让管理员可以实时感知安全能力池的健康状态。

① 安全告警

用户在选定告警方式后，当发现资产存在安全风险时，能够在平台对用户发起安全告警。平台还应提供基础的监控与管理，包括用户及伙伴管理、网络设备运行性能采集与分析、告警监视及处理、网络数据配置及管理、安全管理等功能监控。

- 系统监控告警。实现系统监控管理功能，平台系统监控应包括网关监控、能力服务实时运行状态监控、服务 API 实时调用情况监控、服务 API 调用情况统计，以及订阅情况监控等。
- 服务监控。根据预先设置服务的告警门限，平台会自动产生各种告警。

在服务监控中，会显示各个级别的当前的告警数量，单击告警数量会显示相应的告警详情等。

② 安全分析

- 日常安全事件运维分析。安全事件运维分析针对安全能力池提供 7×24 小时实时安全运维服务，通过与态势感知中心、安全检测中心、安全数据共享中心的联动，识别安全事件，及时触发安全事件管理流程或进行相应的安全加固措施。安全事件管理功能包括事件信息全景图、事件工单的创建、流转、结单、归档、管理、统计，以及告警信息自动转事件工单、与外部工单系统等外部系统接口等。安全能力管理平台能够根据事件的级别和类型，自动转化为对应工单，基于对应事件管理办法，结合组织架构，并自动进入事件处置流程。其中，安全事件分类功能支持对类别的扩展。安全运维管理平台对安全事件处置的全流程展示，包括处置启动、处置下发、处置签收、处置反馈、处置提醒等。安全能力管理平台支持对安全事件进行审核、处理、结单、归档操作，并且支持对历史事件查询，查询条件至少包括组织、事件类型、事件级别、事件发生的时间范围，同时能够根据事件处理流程，通过邮件、短信，将事件消息推送至相关责任人。
- 日常安全能力池运行运维分析。日常安全能力池运行运维分析通过与态势感知中心、安全检测中心、安全数据共享中心的联动，实现对安全能力池安全运行情况、安全事件工单、预警工单的各个维度数量进行统计、分析和研究，找出事件的规律、分布和原因，提前采取预防措施，加强安全能力池的安全管理，防止安全事件重复发生，提高安全运维能力。实现对安全事件和预警事件进行统计分析，同时支持针对安全事件分事件类型、分事件级别、分事件状态进行统计分析，并且针对预警事件分预警级别、分预警对象、分预警状态进行统计分析，分析内容能够支持定制化，能够支持分析报表导出。

- 日常告警防护处理。建立完善的告警防护处理体系，确保安全能力池的安全服务和用户业务的连续性，减少安全事件带来的负面影响及损失。提供 7×24 小时告警防护处理服务，快速响应安全事件。
- 日常流量告警处理。建立完善的流量告警处理体系，依据安全能力池上报的异常流量告警，实现异常流量告警处理，确保安全能力池的安全服务和用户业务的连续性。提供 7×24 小时告警防护处理服务，快速响应安全事件。
- 防护任务管理。建立防护任务管理系统，对防护任务进行运维及管理。支持根据其他相关信息对防护任务进行动态升级，支持防护任务的手动/自动启动、停止、调整，支持执行特定防护任务。

③ 报表导出

安全能力管理平台应具备可视化报表管理系统。主要实现简易报表系统，支持自定义数据源和样式，提供丰富的报表元素，通过拖曳等简易操作创建各种报表，定制一套可视化数据报表应用。系统应支持对基本告警信息、基础用户信息、运维信息等进行报表展现，可支持柱形图、饼状图等形式。用户能在安全报告页面导出 PDF 格式或其他格式的报告，并查看信息。

④ 日志收集

安全能力管理平台能够接收管理所需的用户名下资产的安全日志，用作分析。为了对平台的日志进行有效管理，平台应支持日志管理，需要集中的日志管理中心模块，实现日志采集、日志存储、日志检索等功能。

3）安全资源层

安全能力管理平台纳管的安全资产包含集中化安全资源池和云网 POP 安全能力专区的安全能力。安全能力管理平台可以为多个云平台提供安全运营和安全运维管理，通过多安全能力管理平台，管理员可以对云平台的安全产品进行统一管理和分析。安全能力管理平台具有与用户交互的功能，提供运维门户和服务门户两种门户。服务门户实现对外服务的功能，具备客户自服务的能力；运维门户主体供运维人员使用，囊括整个系统绝大多数功能，包括客户门户的配置管理等。

6. 安全能力池介绍

安全管理平台对安全能力进行统一管理和调度。安全管理平台下的安全能力部分采用集中式部署，以 SaaS 的方式提供给云网用户，部分采用本地化云网 POP 点近源部署，在安全能力集约化建设的基础上实现最佳的用户体验。

（1）集中侧安全原子能力：集中化部署，构建统一的安全能力池

安全能力池中的大部分安全能力均可采用集中式部署的方式进行建设，通过云平台提供的云主机方式在云内进行模块化部署，具体包括网络安全审计、漏洞扫描、堡垒机、日志审计、数据库审计、防病毒、终端检测与响应、网页防篡改、入侵检测系统等常用的安全能力。

（2）近源侧安全原子能力：云网 POP 节点本地化近源部署

安全能力池中的网关型安全能力，例如，Web 应用防火墙、下一代防火墙、入侵防护系统等，出于技术实现难度和产品性能考虑，需要通过云网 POP 节点在防护目标的近源侧进行本地化部署。通过独立的物理服务器硬件资源，安装部署私有化的安全能力池，旁挂在云平台或 IDC 的核心交换机上。策略路由（Policy Based Routing，PBR）、Tunnel（隧道）等网络引流的方式，将云内业务系统的南北向流量牵引至云网 POP 节点的安全能力池内进行清洗，例如，Web 应用防火墙、下一代防火墙等安全能力服务，待流量清洗完成后再将正常的流量原路注回云平台中，最终到达对应虚拟私有云（Virtual Private Cloud，VPC）的业务虚拟机上，从而实现云上业务系统的安全防护目的。

7. 建设方案

安全管理平台下的安全能力部分采用集中式部署，以 SaaS 化服务的方式提供给云网用户，部分采用本地化云网 POP 点近源部署，在安全能力集约化建设的基础上为用户提供最佳的体验。

1）网络方案

安全能力池由两个部分组成：一部分为全省集中的安全能力池及能力管理平台，部署网络安全审计、漏洞扫描、Web 漏洞扫描、堡垒机、日志审计、数据库审计、防病毒、终端检测与响应、网页防篡改、IDS 等安全原子能力及集中调度管理；另一部分为在 MEC 内部署的安全能力组件区，包括防火墙、WAF、入侵防御系统（Intrusion Prevention System，IPS）等网关类安全能力。安全能力池及能力管理平台部署于省级云资源池，安全能力组件区随云网 POP 部署于 MEC 资源池。以交换机 + 通用服务器 + 厂家安全原子能力部署安全防护能力。

2）资源方案

硬件资源：集中的安全能力池和近源安全能力组件区所需的服务器和交换机由

某电信运营商省公司或某云服务提供商提供。

软件资源：部署安全原子能力的虚拟化层由某电信运营商省公司或某云服务提供商提供，安全原子能力和安全管理平台由厂家提供。

网络资源：由某电信运营商省公司或某云服务提供商按需打通集中的安全能力池和近源安全能力组件区至 ChinaNet、CN2、MAN、IDC、STN 等承载网络的路由。

3）部署方案

（1）设备配置

集中的安全能力池建议配置 6 台通用服务器和 2 台万兆接入交换机、2 台管理交换机，近源安全能力组件区建议配置 3 台通用服务器和 2 台万兆接入交换机、2 台管理交换机。设备配置模型见表 4-1。

表 4-1　设备配置模型

序号	部署位置	设备名称	配置数量 / 台	配置
1	集中	通用服务器	6	CPU 2 路 12 核，2.4GHz，内存 512GB，系统盘：2×480GB SSD；数据盘：4×12TB SATA，支持热插拔，1 块独立 RAID 卡，双口 1GE（电口）×4，双口 10GE（光口）×4
2		万兆接入交换机	2	48 口万兆，6×40G 口，支持 IPv6，VxLAN（48×10GE 多模 + 6×40GE 多模）
3		管理交换机	2	4×10GE，48×GE，支持 IPv6（4×10GE 多模）
4	近源	通用服务器	3	CPU 2 路 12 核，2.4GHz，内存 512GB，系统盘：2×480GB SSD；数据盘：4×12TB SATA，支持热插拔，1 块独立 RAID 卡，双口 1GE（电口）×4，双口 10GE（光口）×4
5		万兆接入交换机	2	48 口万兆，6×40G 口，支持 IPv6，VxLAN（48×10GE 多模 + 6×40GE 多模）
6		管理交换机	2	4×10GE，48×GE，支持 IPv6（4×10GE 多模）

（2）部署位置

集中云化部署安全原子能力，可实现资源化、服务化和目录化，按需快速开通调用；向云 /IDC/ 专线侧输出可调用的安全能力；安全能力资源共建共享，节约建设运营成本。

部分网关类安全能力近源侧部署，沉入云 /IDC/ 专线内，作为集中安全能力池的延伸，经由安全管理平台统一管理，通过近源网络流量牵引实现安全防护，保证用户对安全能力的性能需求。

安全原子能力建设将依据用户和网络需求动态调整，且各原子能力的实际部署位置需要结合网络硬件资源和用户需求来确定。

根据各安全原子能力的服务内容，结合网络资源合理调度和用户对网络质量需求，相关安全原子能力部署位置建议见表4-2。

表4-2　相关安全原子能力部署位置建议

序号	类别	安全服务内容	服务描述	建议部署位置
1	检测类	网络安全审计	内容审计、行为审计、数据库审计、流量审计等	集中
2		漏洞扫描	操作系统漏洞、应用系统漏洞、弱口令、配置问题、风险分析等	集中
3		Web漏洞扫描	定位于Web脆弱性评估的安全产品，实现全面Web应用安全检测。帮助用户全面发现Web漏洞，准确掌控网站风险，深度跟踪漏洞态势，提升快速响应能力	集中
4		堡垒机	集中账号管理、集中访问控制、集中安全审计等	集中
5		日志审计	资产异构日志高效采集、统一管理、集中存储、统计分析，安全事件事后取证	集中
6		数据库审计	数据库操作行为记录、数据库操作实时审计、数据库操作实时监控、事故追根溯源、提高资产安全	集中
7		网页防篡改	实时检测和阻断网页篡改，对网站服务器下的目录及文件全方位保护，保障网站安全、稳定地运行	集中
8		Web应用防火墙	抵御OWASP Top 10等各类Web安全威胁和拒绝服务，保护Web应用免遭当前和未来的安全威胁攻击	近源
9	检测类	下一代防火墙	基础防火墙功能、应用识别控制、应用层防护、资产风险识别等	近源
10		入侵检测系统	敏感数据外发检测、客户端攻击检测、非法外联检测、僵尸网络检测等	集中
11	防护类	入侵防护系统	敏感数据保护、高级威胁防御、僵尸网络防护、客户端防护等	近源

续表

序号	类别	安全服务内容	服务描述	建议部署位置
12	防护类	防病毒	提供终端查杀病毒、软件管理、漏洞补丁、统一升级管理等功能	防病毒管理模块集中部署
13		终端检测与响应	支持主机网络访问隔离、攻击与威胁防护、终端环境强控、安全事件过程追溯、安全基线检查以及沙箱防护等功能	终端检测与响应管理模块集中部署

（3）兼容性

各省根据业务需求规划建设安全能力池，部署通用硬件和相关安全能力软件。其中安全能力软件需要支持云化部署，支持 x86、鲲鹏、海光等主流硬件服务器；支持主流的虚拟化软件，能部署在大部分虚拟机环境，例如，KVM、VMware 等；支持主流的操作系统，例如，Windows、Linux、Centos 7.0、统信等操作系统。

8. 试点验证方案

1）安全管理平台试点验证方案

（1）平台架构验证

基础硬件架构层：由标准的 x86 服务器、通用交换机和 SSD/ 磁盘构成，至少可以兼容基于 KVM/OpenStack 技术的主流虚拟化平台，以虚拟化平台作为承载，向上提供安全服务承载服务。

虚拟化架构层：基于底层基础硬件架构，对计算、网络和存储进行软件虚拟化，为上层云安全服务平台架构提供其所需的资源单元；基础化平台必须支持多个基础硬件组成集群，支持实时监控、在线扩展虚拟机的 CPU、内存，存储资源，确保业务的高效运行，支持虚拟机在集群内的动态调度与在线迁移，确保业务的连续性。虚拟化架构层需要提供标准的 API，供云安全服务平台架构层对虚拟资源进行统一调度。

安全能力：通过将操作系统虚拟化，支持虚拟化安全产品以安全组件的方式接入安全管理平台。作为最基础的能力，安全能力为上层的编排、统一服务提供接触，安全组件需要兼容市面上主流的虚拟化安全产品。

服务接口层：主要面向云管理平台、安全管理平台、运维管理平台提供标准及定制接口服务，基于该接口，云租户、云运营方、监管方可以根据自身业务要求，编排统一的资源及服务调度，并开发不同的安全增值产品。

（2）服务流程验证

服务流程验证能够为各类用户提供专用、统一的管理门户，对安全接入、安全防护、安全检测和安全审计配置安全策略，观测安全态势、处置安全事件和导出安全报表，包括以下内容。

- 服务申请应充分包含自助化的安全资源申请界面，云租户可按需申请所需的安全产品。

- 服务审批应包含云租户申请需求描述、服务时间管理、开通流程凭证等内容，保证审批过程的公开、公正，满足云租户对安全服务的合理诉求。

- 服务的管理应包含安全服务生命周期管理、安全到期提醒等功能，保证在服务期内，云租户安全服务的使用效果和到期服务退出后安全服务的退出管理。

- 申请需要打通与现有云管理平台的接口。云管理平台作为需求发起、变更、销毁等的入口，展现租户选购安全组件的基本信息，并通过单点登录等方式进一步展示安全组件具体的信息内容。

（3）集中管理能力验证

- 安全管理平台支持对全省多个资源池进行统一授权，并支持授权回收与迁移。

- 平台管理员可以为不同资源池的租户分配安全组件等资源配额。

- 平台管理员提供租户同步、组件创建与销毁、引流对接等接口，满足集成或者第二次开发的需求。

- 支持对多个资源池的所有租户的日志进行审计，满足6个月的审计存储需要。

（4）可靠性验证

- 安全管理平台虚拟存储支持多副本冗余功能。

- 系统部署在资源池服务器上后，服务器 CPU 忙时利用率平均不超过70%，内存忙时利用率平均不超过70%。

- 系统应支持负载均衡，以集群方式部署，支持资源的灵活扩容。

- 系统在切换过程中应保证已经处理的业务可正常运行。

- 在管理平台支持对整个平台虚拟设备的统一管理，提升运维管理的工作效率。

- 平台系统应具备电信级可靠性、多种冗余、备份和集群处理的机制及功能，关键部件、数据库应具备冗余备份和负载分担机制，系统应冗余配置，保证系统无单一故障点，且应易于扩容和维护。

- 安全管理平台应具备数据接口形式，将采集的日志及系统自身日志数据同步到指定的安全管控系统。

（5）开放性验证

- 安全管理平台需要提供广泛的兼容性，能够兼容多家安全厂商的安全原子能力组件，并提供安全原子能力兼容性证明。
- 提供符合 OpenStack 的 API，满足统一安全管理平台进行面向租户的集成或二次开发的对接适配需求。

2）安全能力池试点验证方案

（1）检测类安全原子能力

- 网络安全审计：详细记录所有的审计数据包，可展现审计数据包的时间、客户端 IP、服务端 IP、应用层协议、报文、返回码、详细信息等。系统需要具有多种日志分析模式，包括各种实时分析、历史统计、实时统计等，并支持自定义日志分析模式，支持对特殊选中日志进行告警设置功能。
- 漏洞扫描：常规扫描漏洞知识库支持用操作系统、服务、应用程序等多个视角进行分类，支持 SquirreMail 检测、测试公用网关接口攻击、点对点测试、远程管理、间谍软件、轻量目录访问协议测试、病毒测试、木马测试、旁路检测、口令猜解、Finger 测试、VPN 测试、打印服务测试、对等计算测试、安全套接层测试、SNMP 测试、注册表测试、DNS 测试、远程过程调用（Remote Procedure Call，RPC）测试、SSH 测试、FTP 测试等。
- Web 漏洞扫描：云安全服务平台需要提供漏洞扫描能力，能对网络设备、安全设备、服务器、操作系统、中间件、数据库进行安全脆弱性扫描，开展自动化的应用安全漏洞评估工作，能够快速扫描和检测所有常见的 Web 应用安全漏洞，主动发现客户基于 Web 的业务系统存在的漏洞。
- 堡垒机：对 RDP、VNC、X11 等图形终端操作的连接情况进行记录及审计；记录发生时间、发生地址、服务端 IP、客户端 IP、操作指令、返回信息、操作备注、客户端端口、服务器端口、运维用户账号、运维用户姓名、审批用户账号、审批用户姓名、服务器用户名等信息。
- 数据库审计：能够识别多种数据库类型的审计，基于 Oracle 数据库审计、SQL-Server 数据库审计、DB2 数据库审计、MySQL 数据库审计、Informix 数据库审计、达梦数据库审计、人大金仓数据库审计、postgresql 数据库审计、sysbase 数据库审计、cache 数据库；支持同时审计多种数据库及跨多种数据库平台操作。

（2）防护类安全原子能力

- 下一代防火墙：能够支持多播路由协议，路由异常告警功能；提供基本的安全防御，包括但不限于 4~7 层访问控制、入侵防御、病毒过滤、网页防篡改等安全功能；对所有应用系统进行漏洞的攻击防护，包括防跨站、防 SQL 注入、防篡改、防木马、防黑客攻击等；能够实现 Web 漏洞扫描功能，可扫描检测网站是否存在 SQL 注入、XSS、跨站脚本、目录遍历、文件包含、命令执行等脚本漏洞；可提供最新的威胁情报信息，对新爆发的流行高危漏洞进行预警和自动检测；检测终端是否已被种植、远控木马或病毒等恶意软件，并且能够对检测到的恶意软件行为进行深入的分析，展示与外部命令控制服务器的交互行为及其他可疑行为。

- 入侵防护系统：通过对网络流量的深度解析，可及时、准确地发现各类非法入侵攻击行为，并执行实时精确阻断，主动、高效地保护用户网络安全。可应对漏洞攻击、蠕虫病毒、溢出攻击、数据库攻击、暴力破解，并可对高级威胁攻击、未知威胁攻击等多种深层攻击行为进行防御。

- Web 应用防火墙：能够提供具备 Web 应用防护能力，能够抵御 SQL 注入、XSS 攻击、网页木马、网站扫描、webshell、跨站请求伪造、系统命令注入、文件包含攻击、目录遍历攻击、信息泄露攻击、Web 整站系统漏洞等攻击。实现 HTTP 异常检测，包括 HTTP 请求异常检测、HTTP 头部字段 SQL 注入检测、统一资源定位符溢出检测、Post 实体溢出检测、HTTP 头部溢出检测。

- 防病毒：具备设备分组管理、策略制定下发、全网健康状况监测、统一杀毒、统一漏洞修复、网络流量管理、终端软件管理、硬件资产管理及各种报表和查询等功能；客户端提供控制中心管理所需的相关数据信息，通信可选择非明文方式；客户端执行最终的木马病毒查杀、漏洞修复等安全操作。

- 终端检测与响应：由轻量级的 Agent 组成，支持统一的终端资产管理、终端病毒查杀、终端合规检查，支持微隔离的访问控制策略统一管理，支持对安全事件的一键隔离处置。

3）安全业务试点方案

针对不同接入方式的用户，实现安全防护。

从安全能力的部署位置来看，通过集中和近源的安全能力实现安全防护。

- 集中部署：大部分安全能力集中化部署，构建统一的安全能力池，安全能力资源共建共享，节约建设运营成本。
- 近源部署：出于对技术实现难度和产品性能的考虑，结合用户需求，部分安全能力通过云网 POP 节点在防护目标的近源侧进行本地化部署。

从安全原子能力的实现方式来看，通过流量类和非流量类安全原子能力实现安全防护。

流量类安全原子能力：配置策略路由或其他引流策略，将流量牵引至安全能力池内，流量经过处理后再回注被防护对象（例如，IPS、防火墙、WAF）。

非流量类安全原子能力分为镜像类和 IP 可达类。

- 镜像类：将访问流量镜像至安全资源池内进行分析，并将结果反馈到安全管理系统（例如，入侵检测）。
- IP 可达类：安全原子能力只需要与被防护目标网络 IP 可达或者在客户侧部署 Agent 实现安全防护（例如，漏洞扫描、防病毒等）。

安全防护实现过程示意如图 4-11 所示。

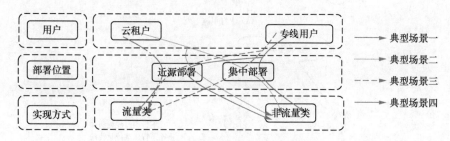

图 4-11　安全防护实现过程示意

在用户接入的承载网络部署安全专用 MPLS VPN，将客户流量通过统一的引流 VPN 与安全能力池或安全能力专区的引流交换机互通，实现安全防护。

在用户接入的城域网部署安全专用 MPLS VPN，将客户流量通过统一的引流 VPN 与安全能力池或安全能力专区的引流交换机互通，实现安全防护。

安全能力池存在两种方式接入城域网 CR，一种是专线链路接入，另一种是 GRE

隧道接入。两种方式都需要通过 BGP 向 CR 侧广播客户的引流路由，从而实现客户接入方向的引流。各省可根据本省实际情况选择接入方案。

（1）方案一：专线链路接入

建议安全能力池交换机以 4×10GE 链路与城域网 CR 交叉互联。

用户流量路径如下。

- 上行流量：用户—MSE/SR—MPLS VPN—安全能力池/安全能力专区—CR—163。
- 下行流量：163—CR—安全能力池/安全能力专区—MPLS VPN—MSE/SR—用户。

VPN 引流示意如图 4-12 所示。

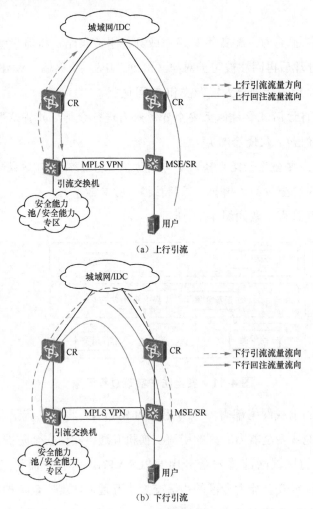

图 4-12　VPN 引流示意

专线链路接入方式的优点是安全流量带宽独享，网络质量较易保证，不影响 CT 云/天翼云的原有业务，且 CR 侧和安全能力池侧配置简单。

（2）方案二：GRE 隧道接入

依靠 Underlay 的 CT 云/天翼云出口路由器与 CR 的互联链路，建立远程 GRE 隧道，隧道采用口字形与两台 CR 互联。

用户流量路径如下。

- 上行流量：用户—MSE/SR—MPLS VPN—CT 云/天翼云—安全专区—CT 云/天翼云—CR—163。
- 下行流量：163—CR—CT 云/天翼云—安全专区—CT 云/天翼云—CR—MPLS VPN—MSE/SR—用户。

安全能力池通过专线接入城域网 CR 如图 4-13 所示。

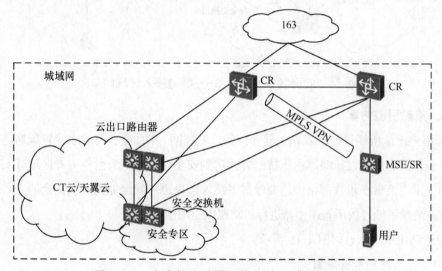

图 4-13　安全能力池通过专线接入城域网 CR

安全能力池通过 GRE 隧道接入城域网 CR 如图 4-14 所示。

GRE 隧道接入方案在专线资源不具备的情况下，可实现快速业务部署。

在 CR 侧部署链路，A 加入安全能力池中，B 物理口在全局路由表中。在安全能力池 VRF 配置低优先级的浮动默认路由指向 B 端口。在全局路由表中配置低优先级的客户路由指向安全能力池 VRF。

在 VRF 中正常的默认路由由安全能力池交换机通过 EBGP 在 VPN 中发出，客户路由由安全能力池交换机向 CR（专线接入 CR 的情况）发出，或安全能力池交换机经过 CT 云 / 天翼云出口路由器向 CR 发出（GRE 接入的情况）。因此，当需要一键旁路时，由安全能力池交换机停掉 VPN 默认路由和客户路由，CR 位置的部署到浮动双向路由即可正常接管流量，实现快速旁路。

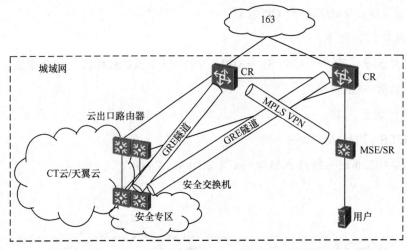

图 4-14　安全能力池通过 GRE 隧道接入城域网 CR

9. 策略引流方案

在用户流量所经过的转发路由器（例如，城域网 / IDC 路由器）上配置策略路由，将符合条件的流量通过策略路由干扰的方式送到安全能力池或安全能力专区进行安全防护。如果用户流量在承载网络中需要经过多跳才可以进入安全能力池或安全能力专区，那么应在流量所经过的所有路由器进行策略路由引流配置。

策略路由引流示意如图 4-15 所示。

10. 云内典型业务场景

1）非流量型场景

（1）场景描述

云外城域网 /IDC 用户通过集中或近源部署的非流量类（含镜像类和 IP 可达类）原子能力，实现安全防护。

（2）试点方案

客户接入城域网 /IDC 等基础网络，在集中或近源侧部署安全原子能力。

镜像类：将访问流量镜像至安全资源池内进行安全分析。

IP 可达类：安全原子能力与被防护目标网络 IP 可达或者在客户侧部署 Agent 实现安全防护。

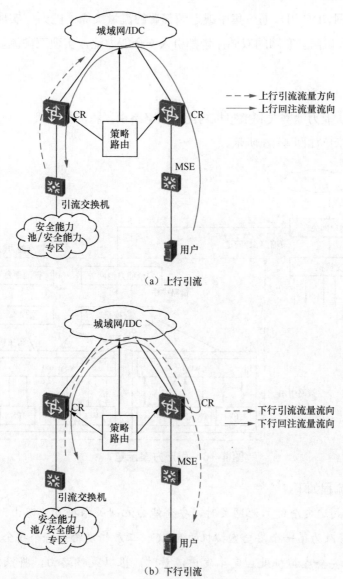

（a）上行引流

（b）下行引流

图 4-15　策略路由引流示意

各厂商的安全原子能力以虚拟机镜像的方式进行适配，通过云管系统将安全虚拟机在安全专区中拉起，实现公网可访问。此后，客户通过访问厂商的客户自服务系统访问安全服务，运维人员通过厂商的安全运营平台进行运维。

2）流量型场景

（1）场景描述

云外城域网 /IDC 用户通过集中或近源部署的流量类原子能力，实现安全防护。通过引流将客户访问互联网的双向流量都引入安全能力池，实现双向流量穿透流量型安全原子能力。

（2）池内引流方案

通过在安全能力池网关和虚拟机内配置策略路由，将流量串接。

引流方案示意如图 4-16 所示。

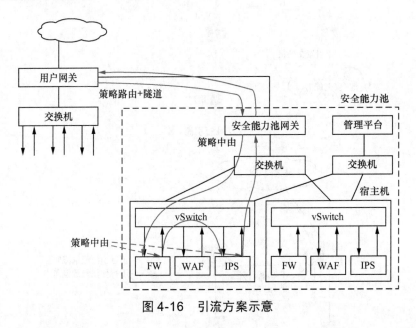

图 4-16　引流方案示意

流量处理流程如下。

- 当流量到达安全能力池网关时，安全能力池网关根据策略路由，将报文目的 MAC 修改为第一个安全虚拟机的 MAC，二层转发给第一个安全虚拟机。
- 第一个安全虚拟机处理完毕发出流量时，根据策略路由，将报文目的 MAC 修改为下一个安全虚拟机的 MAC，二层转发给下一个安全虚拟机。
- 最后一个安全虚拟机处理完毕发出流量时，根据策略路由，将报文目的 MAC 修改为安全能力池网关的 MAC，二层转发给安全能力池网关。
- 安全能力池网关对从能力池交换机发来的流量，根据路由或策略路由，将报文目的 MAC 修改为用户网关的 MAC，回注用户网关。

4.2.3　实践成效

目前，某电信运营商省公司通过建设安全能力池试点项目，验证安全能力池集中部署，随云网 POP 建设近客户侧安全能力组件区的云网安全技术方案，逐步完善方案的全面性，推进安全能力虚拟化、自动化部署，提炼经验，进行方案复制推广。

某电信运营商省公司试点项目，主要是在集中侧及近源侧安全池部署安全厂商的安全原子能力，并通过安全能力管理平台对安全原子能力进行统一管理和调度，实现安全原子能力在线订购、安全服务链编排、统一策略下发、态势感知等场景。

某电信运营商省公司针对安全能力池选取了 4 个典型场景。

（1）场景一：安全能力管理平台对安全能力进行统一管理和调度

基于攻防实战，通过用户攻击态势，识别攻击行为，在线订购安全组件，并完成服务链编排，下发安全策略，实现安全资产防护。目前该安全能力管理平台可实现在线订购、服务链编排、策略下发、用户攻击态势展现，从而实现原子能力统一订购、统一编排、统一策略配置的目标。

（2）场景二：云内、近源、流量型安全防护服务

由 vFW 提供安全防护，vIPS 提供全面深度的病毒防护，vWAF 提供 Web 类型的全面防护功能，支持 vIPS、vWAF 与 vFW 联动，封堵恶意 IP、为用户提供 Web 类及各类业务的深度防护。

典型功能及要求如下。

- 应用策略精确到用户：阻断策略可精确到用户，而非 IP。
- 安全策略智能优化：策略冗余分析、策略收紧分析。
- 病毒、攻击防护能力：专业的病毒检测引擎、攻击特征库，有效识别病毒、阻断攻击；
- Web 防护能力：阻断包括 SQL 注入、跨站脚本等。
- 设备运维一键处置：可基于多种运维诊断工具对通过设备的数据进行分析。

（3）场景三：云内、近源、非流量型安全服务

态势感知通过自身流量检测探针发现网络流量中威胁事件的大数据分析平台。

漏洞扫描提供资产主动扫描、资产漏洞发现等能力。支持对现网进行网络安全事件溯源和资产健康情况深度分析等。

典型功能及要求如下。

- 攻击事件监控：态势感知平台可以提供租户网络攻击发现和溯源能力，快速发现租户网络风险并进行自动事件溯源。

- 资产管理能力：态势感知联动漏洞扫描通过主动发现＋被动识别，发现网络的资产，细化至 IP、操作系统、服务、设备类型等信息，可监控资产在遭受攻击的情况，及时"挽救"沦陷资产。

- 漏洞管理能力：态势感知联动漏洞扫描主动发现资产存在的漏洞情况，能够统计分析漏洞影响面并提供漏洞跟踪的任务流。

非流量型场景示意如图 4-17 所示。

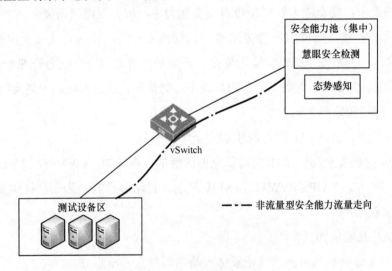

图 4-17　非流量型场景示意

（4）场景四：云外、集中、非流量型安全防护

场景介绍：漏洞扫描实现客户办公区的安全审计和防护。在集中侧部署漏洞扫描等非流量类安全原子能力，保证客户办公区和安全能力池 IP 可达。

典型功能及要求如下。

- 集中侧的漏洞扫描组件对云下客户办公区进行漏扫，并输出漏扫报告。

- 通过集中侧的堡垒机实现对客户线下环境的远程登录，并做加强认证。

非流量型安全防护场景示意如图 4-18 所示。

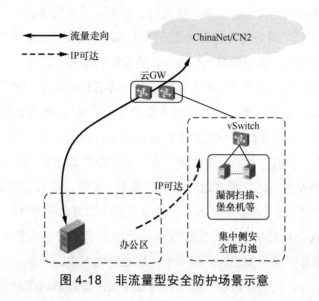

图 4-18　非流量型安全防护场景示意

4.3 算力泛在调度，打造"平安政务"服务

4.3.1 实践背景

1. 政务云介绍

政务云是承载各级政务部门的门户网站、政务业务应用系统和数据的云计算基础设施，用于政务部门公共服务、社会管理、数据共享与交换、跨部门业务协同和应急处置等政务应用。政务云的服务对象是各级政务部门，通过政务外网连接到各单位，使用云计算环境上的计算、网络和存储资源，承载各类信息系统，开展电子政务活动。其特点是超大规模、虚拟化、按需分配服务、高可靠性、可动态伸缩、广泛网络访问、节约能源。

近年来，我国政务云的发展经历了从无到有的培育阶段和遍地开花的普及阶段，并将在未来几年全面进入创新阶段。

自国务院颁布《国务院关于促进云计算创新发展培育信息产业新业态的意见》以来，我国各级政府部门正在逐渐加大采购云计算服务的力度，政务云基础设施在深度和广度上取得了长足的发展。截至 2021 年，全国 80% 以上的地市以及部分经济发达的县域都有政务云的支撑，各政府职能部门基本实现了云化部署。

2021 年 9 月 1 日，国务院发布的《关键信息基础设施安全保护条例》正式实施，电子政务等信息服务作为关键信息基础设施，安全防护变得尤为重要。同时，《中华人民共和国网络安全法》规定"国家实行网络安全等级保护制度，网络运营者应当按照网络安全等级保护制度的要求，履行相关安全保护义务"。政务云服务运营需要持续加强安全保护工作，满足政务业务安全和数据安全，保障不受干扰、破坏或者未经授权的访问、窃取、篡改。《IDC 全球网络安全支出指南 2021》的数据显示，预计到 2024 年，中国网络安全市场规模将达到 173 亿美元，年复合增长率将达到 16.8%，中国已成为全球网络安全增速最快的国家，云安全是其中增速最快的领域。

政务云的兴起，使越来越多的政府数据开始由分散部署走向集中部署。虽然数据集中能为政府工作带来诸多便利，但安全问题也随之发生。现在，"安全"已经成为各地政府讨论工作时的首要内容，如何构建安全保障体系来确保云平台的安全稳定运行，成为政府提供高质量云服务的重要前提。

由此可知，政务云导致的数据丢失问题，会给个人和企业带来极大的损失。政务云利用容灾备份技术，保证关键业务和应用在经历各种情况后，仍然能够最大限度地提供正常服务，确保数据不丢失。

与传统的容灾备份技术相比，政务云使用的是现代化统一的自动化管理技术，由人工操作到基于容灾管理平台的可视化、自动化、服务化。

对于政务云平台而言，一旦发生重要政务信息系统不能持续访问、数据永久性丢失等安全事件，可能造成不可估量的社会影响和经济损失，甚至引发群体性事件。因此，政务云容灾备份体系建设是十分必要的。

2. 关于容灾

1）容灾介绍

在云计算与大数据时代，海量增长的数据容量，给数据的存储和保护带来新的挑战，从传统熟悉的 IT 架构到以云架构、虚拟化、超融合为代表的技术升级迭代，数据保护的技术手段也要加速。

容灾技术由早期只关注数据复制备份，到现在的整体解决方案，由以存储为中心，到涵盖接入、应用、服务器、网络、传输、存储的综合技术能力。容灾是一个宏观的概念，业务连续性是容灾的最终建设目标。

容灾系统的管理、切换由人工操作到基于容灾管理平台的可视化、自动化、服务化。

按系统的保护程度划分，可以将容灾系统分为数据级容灾、应用级容灾和业务级容灾。

数据级容灾是指通过建立异地容灾中心，做数据的远程备份，在灾难发生之后要确保原有的数据不会丢失或遭受破坏，但在数据级容灾这个级别，发生灾难时应用是会中断的。在数据级容灾方式下，所建立的异地容灾中心可以简单地被理解成一个远程的数据备份中心。数据级容灾的恢复时间比较长，但是相比其他容灾级别来讲它的费用比较低，而且构建实施也相对简单。

应用级容灾是在数据级容灾的基础之上，在备份站点同样构建一套相同的应用系统，通过同步或异步复制技术，保证关键应用在允许的时间范围内恢复运行，尽可能减少灾难带来的损失，让用户基本感受不到灾难的发生，从而使系统所提供的服务是完整的、可靠的和安全的。应用级容灾生产中心和异地灾备中心之间的数据传输采用的是异类的广域网传输方式；同时，应用级容灾系统需要通过更多的软件来实现，可以使多种应用在灾难发生时可以进行快速切换，确保业务的连续性。

业务级容灾是全业务的灾备，除了必要的 IT 相关技术，还要求具备全部的基础设施。其大部分内容是非 IT 系统（例如，电话、办公地点等），当灾难发生后，原有的办公场所受到破坏，除了数据和应用的恢复，更需要一个备份的工作场所正常开展业务。

2）主流容灾方案存在的问题

（1）业务运行环境复杂化

当前，数字化转型体现出来的新模式和新场景，以及其背后的大数据、人工智能等新技术，对于政务云中心来说，意味着更加复杂的硬件、系统和软件等支撑。从（x86、ARM、Power 等）物理机、虚拟化、私有云、超融合到公有云，不同的部署形态的业务对容灾的需求不尽相同，全面的容灾方案难以落地。

（2）业务连续性要求高

一些 7×24 小时无休的业务场景，对于政务云中心来说也意味着业务连续性、安全合规性要求常态化，从可靠有效到高时效、高性能，对容灾技术的要求也越来越高。

（3）容灾管理难

在数字化转型的过程中，企业是采用渐进式迭代方案进行的，新旧技术和系统共存，这也意味着多种备份容灾解决方案并存，造成运维复杂、容灾演练验证难、管理成本高等问题，容灾需要更简单、更易用。

政务云项目业务多和数据量极大，使用环境复杂，为了确保政务云数据在损坏、篡改、丢失时能够快速恢复和溯源，保障重要政务信息系统持续稳定地运行，为政务云建立一套全局统一、安全可靠、节约高效的容灾备份系统非常重要。

4.3.2 案例描述

1. 案例背景

近年来，中国电信大力推进云网融合，全面升级云网技术，并最新提出了"一云多芯、一云多态、一张云网、一致架构"的技术能力要求。

根据国家"东数西算"及对多层次数据中心的布局，未来将建立高速数据中心直连网络，加快网络互联互通，建设云网一体化、网络一体化、边缘接入性能优异的网络。具体需要促进多云之间、云和数据中心之间、云和网络之间的资源联动，实现云网融合；围绕集群建设数据中心直连网，优化网络结构，扩展带宽，减少数据绕转时延，提升跨区域算力调度水平，实现云互联和全面云接入。

随着云技术的发展和规模的扩大，对于当前的政务云系统来说，提供灾备公共服务能力和统一数据标准体系变得尤为重要。

提供灾备公共服务能力：按照容灾备份体系架构设计，按业务重要级别和业务恢复指标恢复点目标（Recovery Point Objective，RPO）/恢复时间目标（Recovery Time Objective，RTO）灾备要求，对所有业务和数据提供不同等级的集中灾备服务，最大限度地保障政务云平台系统和数据的安全性、可靠性。

统一数据标准体系：基于统一的数据标准体系，进行容灾备份系统的规划建设，对不同重要级别的数据进行分级保护，实现灾备系统和资源的统一纳管和数据格式兼容互通，发挥多个灾备中心的资源优势互补，在实现多中心之间灾备资源复用、共享、互备，提升业务抗风险能力和灾难保护级别的同时，也可以避免资源浪费和重复投资。

总而言之，无论是市场本身的发展要求还是用户的核心诉求，都使容灾成为政务云未来发展的核心方向。若业务系统均运行在单一数据中心，备份数据也存在于同一个数据中心，一旦机房发生不可抗拒的灾难，数据完整性及业务连续性将无法得到保障，业务系统宕机将给社会秩序、公共利益及公民、法人和其他组织的合法权益带来损失。因此，建立一套统一管理的容灾系统十分必要。

本次实践方案基于以上需求，解决政务云项目系统数据保护容灾备份、涉及业务众多、数据量大等问题。因此需要一套成熟的、可应对各类环境需求的灾备解决方案，特别需要在兼容性、性能、统一管理和租户独立使用上实现一体化的解决方案。

2. 案例说明

政务云容灾平台建设是电子政务安全保障体系的重要组成部分，需要采用顶层设计方法，全局统筹规划，从总体的业务需求入手，结合信息化建设的实际情况，以整体发展战略为根本指导，引入灾备先进管理理念和工具，借鉴国内同行业信息化建设的成功经验，进行资源整合，强化对业务连续性的保障力度。

本项目将依据技术先进性、可扩充性、高可靠性、高可用性、成熟性、可管理性的总体设计思想，结合众多灾备系统成功案例和实际经验，进行整体解决方案设计，其需要遵循技术先进性、可扩充性、高可靠性、高可用性、成熟性、可管理性、成熟性、可实施性等建设原则。

1）方案目标

本项目对政务云相关系统的关联资源进行扩容及灾备，其中，重要业务系统实现异地容灾。提升系统资源池容量及增强数据安全性，满足未来 3 ～ 5 年的业务发展需要。同时，根据 GB/T 22239—2019《信息安全技术网络安全等级保护基本要求》的有关规定及测评结果，应进一步完善数据中心网络、信息安全及基础架构。

为满足上述安全保护能力，本项目将通过系统性、体系化的需求分析、方案设计和风险控制等方式，使系统达到以下 4 个方面的建设目标。

- 建立、健全政务云系统基础架构资源，提升系统网络安全管理能力，满足第三级系统网络安全等级保护相关管理要求。

- 扩充机房现有的网络、存储、计算等资源，满足今后 3 ～ 5 年业务发展的需要及配合本次灾备建设的需要。

- 实现政务云业务异地容灾，RPO 达到分钟级，RTO 达到小时级，确保主要业务连续且稳定可靠地运行。

- 避免因自然灾害、人为操作或系统故障对系统造成的影响，确保社会公共服务平台的稳定持续运营，避免社会秩序、公共利益，以及公民、法人和其他组织的合法权益受损。

2）关键技术

（1）数据复制技术

数据复制是将一组数据从一个数据源复制到一个或多个数据源的技术，方式主要分为同步复制和异步复制。

同步复制是指同时进行向业务系统存储数据和向备份系统存储数据，只有在两地数据存储操作完成后，才能进行下一个数据存储操作。它要求每一个写入操作在执行下一个操作处理之前，在源端和目标端都能完成。因此同步复制的 I/O 操作时间以最长的 I/O 用时为衡量尺度。该技术的特点是数据丢失少，会影响生产系统性能，除非目标系统物理上离生产系统比较近。

异步复制是指对业务系统的数据存储操作独立进行，对备份系统的数据存储操作按照排队的方式进行，业务系统的 I/O 操作不受异地备份系统的 I/O 操作影响。在处理下一个操作前，不等待数据复制到目标系统中。该技术的特点是复制的数据与源数据有时间差，但这种复制对生产系统性能影响较小。为了保证数据传输排队的次序，异步复制需要一些特殊技术的支持。

本次方案采用异步复制方式，异地数据备份通过旁路式监测源端的数据变化，以字节级增量数据捕捉方式，将生产环境变化的数据复制到灾备中心并将变化的数据实时地传输到任意距离外的灾备站点，且通过特有的数据序列化传输（Data Order Transfer，DOT）技术，严格保证生产环境和灾备中心数据的一致性和完整性。

（2）基于 SDN 的云网协同方案

引入 SDN 技术，通过部署 SDN 控制器，实现数据中心业务与网络的联动，以及物理、虚拟网络统一运维需求。同时，对外提供标准接口，与用户云平台/业务平台或虚拟化平台对接，实现计算、存储、网络服务的按需自动、敏捷支付与简易运维。

政务云平台采用"云网协同"的网络设计方案，通过 SDN 实现租户网络的动态创建和维护。为每个部门根据业务应用部署创建不同的 VPC 网络，以满足不同的业务上云需求。

（3）灾备技术

① 本地容灾

本地容灾是指在本地机房建立容灾系统，在日常情况下，可同时分担业务及管理系统的运行，并可切换运行；在灾难情况下，可在基本不丢失数据的前提下进行灾备应急切换，保持业务连续运行。与异地灾备模式相比，本地双中心具有投资成本低、建设速度快、运维管理相对简单、可靠性更高等优点。

本地机房的容灾由于其与生产中心处于同一个机房，可通过局域网进行连接，数据复制和应用切换比较容易实现，可实现生产与灾备服务器之间数据的实时复制和应用的快速切换。

② 同城双活

同城双活是在同城或相近区域内建立两个机房。同城双机房距离比较近，通信线路质量较好，比较容易实现数据的同步复制，保证高度的数据完整性和数据零丢失。

同城两个机房各承担一部分流量，一般入口流量完全随机，内部 RPC 调用尽量就近路由闭环在同一个机房，相当于两个机房镜像部署了两个独立集群，数据仍然是先单点写入主机房数据库，再实时同步到另外一个机房。

双活可以实现主备份中心对外提供业务服务，工作时，两个数据中心可以根据权重做负载分担。如果一个数据中心出现故障，另一个数据中心会承担所有业务。

③ 异地容灾

政府部门对 IT 技术的安全性、性能、可靠性、可用性和计算成本都有非常高的要求。政府部门 IT 系统的应用直接关乎管理、服务、成本、效率等重要环节，并最终全面影响政府的执行力、行政能力和服务的民众能力。因此需要构建异地灾备系统，以此提升政务云系统的生存能力。

异地灾备中心是指在异地建立一个备份的灾备中心，用于防范大规模区域性灾难，作为双中心的数据备份，当双中心因出现自然灾害等而发生故障时，异地灾备中心可以用备份数据恢复业务。

异地灾备中心由于与生产中心不在同一个机房，灾备端与生产端连接的网络线路带宽和质量存在一定的限制，应用系统的切换也需要一定的时间，因此，异地灾备中心可以实现在业务限定的时间内进行恢复和可容忍丢失范围内的数据恢复。

数据灾备云管理平台部署在生产数据中心，云管理平台集中对灾备系统进行管理及运维监控，展现备份系统的生产运营信息，实现云平台的集中管理。容灾复制功能可以实现备份数据的异地容灾。

本案例选择的正是异地容灾方式。

3）组网设计

政务云应用与民生息息相关，因此对机房网络设计提出了更高的需求。政务云数据中心网络架构的总体规划需要遵循安全、可靠的设计理念。针对政务外网和互联网不同的网络安全需求、数据中心内管理平面的安全隔离需求，采用"两网三平面"架构，即从业务应用来看将政务云机房划分为政务外网区和互联网区；从数据中心管理来看，将政务云数据中心内部划分为管理平面、业务平面、存储平面，使网络层次更加清楚、网络性能更优化、网络架构更加可靠。

第一，安全性。网络架构设计需要满足安全等保三级要求，针对政务云数据中心外部网络的不同安全需求，一方面防范来自互联网的各类安全威胁，另一方面提供政务外网各委办用户安全隔离的业务诉求。将政务云数据中心划分为两个独立的业务区域：互联网区和政务外网区。两个分区之间通过安全数据交换区交换业务数据，保证分区隔离。

政务云数据中心内部 3 个平面为独立组网，物理隔离，使整个政务云数据中心的架构具备伸缩性和灵活性，同时，也便于安全域的划分和安全防护的设计实施。

第二，可靠性。政务云数据中心结构化设计可靠性体现在设备可靠性、网络冗余性，以及业务容灾性设计。从网络设备来看，交换机具备工业级的超高可靠性，支持不中断业务升级（In-Service Software Upgrade，ISSU），满足用户业务的永续性需求；交换机、防火墙主控板、交换网板、电源、风扇灯关键部件全冗余，所有模块支持热插拔；设备控制平面、数据平面、监控平面完全隔离，提高了系统的可靠性。

从网络架构来看，政务云数据中心网络的可靠性体现在适当的冗余性和网络的对称性，一般采用双节点双归属的架构实现网络结构的冗余和对称。核心 / 接入交换机采用集群交换机系统（Cluster Switch System，CSS），两台设备冗余部署；防火墙采用成对部署，采用双机热备技术，所有表项、会话实时同步；所有连接链路采用链路捆绑，大幅提升网络的可靠性。

从业务层面来看，政务云数据中心网络设计支持双活架构，业务应用通过负载均衡设备实现业务流量在双机房间的灵活调度。

（1）网络设计原则

灾备云数据中心网络建设包括网络接入类型设计、网络管理设计、网络安全设计、网络带宽设计。

- 网络接入类型设计：根据各接入单位的网络接入特点，可以采用不同类型的网络接入共享灾备平台。
- 网络管理设计：建立统一的管理系统对整个灾备系统的网络设备、灾备平台及灾备节点进行精细化管理，降低系统运维的复杂度。
- 网络安全设计：数据从各个单位接入灾备平台，平台需要对数据逻辑隔离，在各个环节部署安全设备，进行安全防护。
- 网络带宽设计：整体网络带宽设计应满足各灾备节点并发灾备情况下的网络负荷；各级单位的网络带宽设计应根据该单位节点的灾备数据量及对灾备等级的要求，设计不同等级的网络带宽。

（2）组网方案

① 管理网络公网互通，存储网络专线互联。整体网络分为接入公网和数据中心网络两个部分，云计算存储系统采用分布式存储系统，分布式存储提供计算节点 Nova 分布式块存储服务，包括 Image、Volume、VM 这 3 种不同类型的存储池。

主备节点组网为典型的 3 层组网结构，主备节点管理平面通过公网 MPLS VPN 互通，实现主备节点统一纳管及管理平面容灾，主备节点存储复制通道通过 2×10Gbit/s 波分传输专线互联，实现数据的同步写入备节点或异步复制到备节点。

在主备节点部署云计算平台容灾管理软件，容灾管理软件将主节点管理平面数据复制和备份到备节点，实现容灾系统的主备节点管理容灾功能，同时通过专有的数据存储通道将虚拟机存储数据复制到备节点实现业务虚拟机容灾。通过前端管理平面及后端数据存储复制和同步实现站点级的云数据中心容灾。

典型的政务云 IDC 及容灾组网方案如图 4-19 所示。

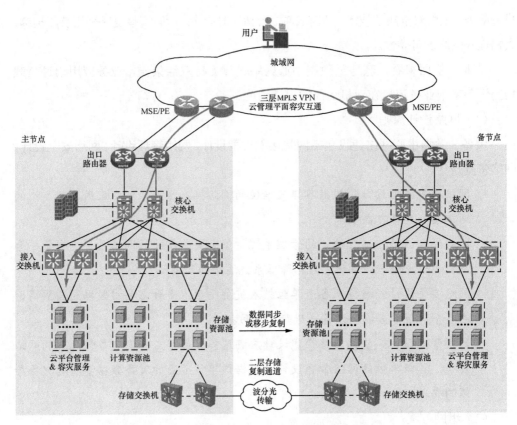

图 4-19 典型的政务云 IDC 及容灾组网方案

② 管理网络与存储网络专线互联。以上两种组网方案的区别是云平台管理网络互通采用波分专线，提供更高效的管理网络同步带宽及更低时延，可以提高整个容灾系统的性能。

使用波分专线的容灾组网方案如图 4-20 所示。

上述组网方案为同城主备节点容灾方案，如果异地同城容灾组网，方案二与同城容灾方案一样，组网方案一的云管理平面互通为 MPLS VPN 跨 AS，配置实施稍显复杂。

4）系统设计

（1）系统架构设计

政务云容灾平台分为服务层、资源层和物理设备层 3 个层级。

政务云容灾平台架构如图 4-21 所示。

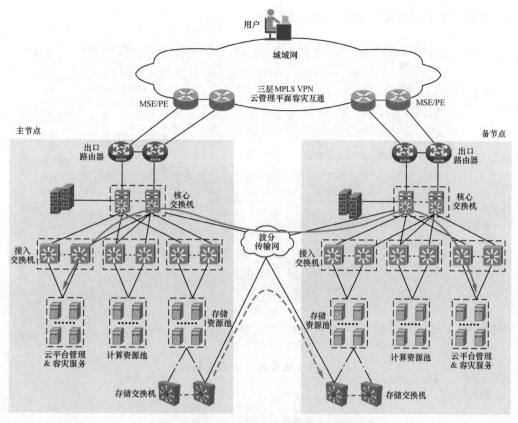

图 4-20　使用波分专线的容灾组网方案

服务层：主要是云服务管理系统，包括运营服务门户、运维服务门户、容灾管理系统，能够管理计算资源、存储资源、网络和安全资源、灾备服务。

资源层：主要是对虚拟化/云平台资源的对接，包括计算资源池管理、存储资源池管理、网络资源池管理、灾备管理。

物理设备层：主要是机房基础设施，包括灾备中心机房的 Server SAN、服务器、SAN 存储、网络设备等。

（2）容灾架构设计

政务云平台基于异地灾备中心进行灾备系统架构设计。基于统一的数据技术标准进行容灾备份系统的规划建设，面向服务化提供多租户灾备运维服务及运营管理，集中管控容灾备份系统资源和策略，为云平台业务系统提供同城和异地的业务应用的灾备部署、备份恢复、容灾演练和灾备切换，实现业务数据的一致性、完整性和可恢复性目标。灾备系统架构示意如图 4-22 所示。

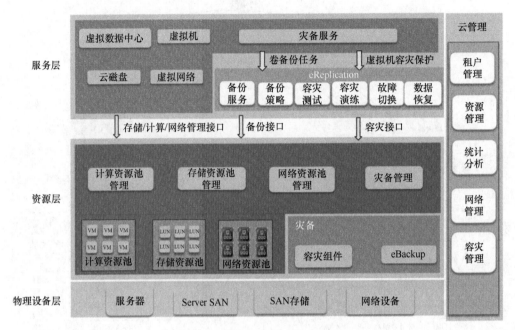

图 4-21　政务云容灾系统架构

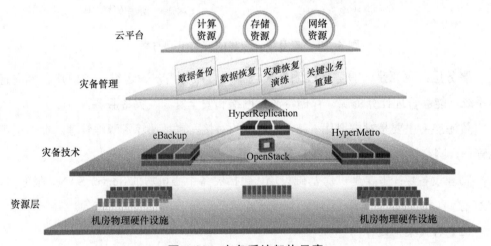

图 4-22　灾备系统架构示意

灾备系统采用 4 层架构设计，分为云平台、灾备管理、灾备技术、资源层。云平台通过技术体系对物理硬件资源池化，根据用户需求动态提供虚拟化资源，包括计算资源、存储资源、网络资源。灾备管理为租户提供灾备资源，包括数据备份、数据恢复、灾难恢复演练、关键业务重建。灾备技术包括 eBackup、HyperReplication、HyperMetro 等内容。资源层为机房物理硬件设施。

租户通过云平台申请灾备资源，包括其所需的计算资源、存储资源、网络资源，以及灾备管理提供的灾备资源，由灾备管理员审核通过后，为租户创建虚拟灾备中心，云灾备中心管理系统采用访问控制隔离、VLAN 隔离、虚拟化隔离、数据隔离技术，每个租户仅能够访问与管理属于自己的虚拟灾备中心，确保用户灾备中心的安全性，包括其数据和应用的独立性、完整性和安全性等。

① 备份服务设计

虚拟机备份支持 VMware、vSphere、Citrix XenServer、KVM、Xen、FusionSphere、阿里云等主流虚拟化平台虚拟机的备份，支持虚拟机自动发现，完全在线备份，支持备份点数据的归档和还原。

② 备份策略设计

根据政务系统对灾备服务水平的要求，对备份策略设计建议如下。

- 核心业务系统：每周进行 1 次全备，每天进行 1 次增量备份，可每 12 小时追加归档文件备份，数据保留周期 1 个月以上。
- 重要业务系统：每周进行 1 次全备，每天进行 1 次增量备份，可以恢复到每日增量进行备份当天副本，数据保留周期 1 个月。
- 一般业务系统：每周进行 1 次全备，数据保留周期 1 个月。

灾备策略本身是根据业务连续性及灾备规划制定的，因此策略制定是业务连续性及灾备恢复流程的核心步骤之一。无论最后选择了哪种策略，都将落实为一套详细行动计划以帮助实现容灾的目标，即业务数据和业务生产的恢复。常见的灾备策略包含以下方面。

- 实时复制。容灾系统中的 CDP/CMD/ 连续日志保护等功能可以实现业务系统数据镜像，还可以监控目标数据的变化，实时将变化的数据进行同步或异步备份到容灾资源池，保证生产端和备份端的数据实时一致。
- 定时备份。定时备份是指按固定的时间间隔进行数据备份的方式，但是不能保证数据零丢失。
- 业务系统保护。核心 / 重要业务系统不但对数据安全有苛刻的要求（数据不能丢失），对业务系统的可靠性也有很高的要求，灾备云管理平台可实现业务系统的一键备份和恢复。实时复制和关联性保护机制能够实现业务系统的快速一致性恢复，也可以根据不同业务需求实现数据的异地容灾和业务系统的快速恢复。

- 完全备份。完全备份是指对备份对象的完全备份。若每天都对备份对象进行完全备份，备份数据中将含有大量重复的数据，对于数据量较大，备份窗口时间较短的环境，并不是一种适用的备份策略。

- 增量备份。不同于完全备份，增量备份所备份的数据是由上次完全备份以来变化的数据所决定的。增量备份数据往往依赖于上一次的完全备份。该种备份策略对于数据量大、备份窗口时间短、变化频率低的环境有较为显著的效果，能极大地减少重复数据，节省存储与带宽资源。

- 备份归档。归档的目的是长时间存放有合规要求的数据集，确保其将来能够被精细地检索。采用磁带／光盘备份归档是这种应用目前较为理想的方式，能够实现数据的高线和高场保存，满足用户长期备份数据存储的同时降低备份存储的能耗和机房空间占用。

- 归档策略。归档策略是指可以根据用户的实际使用环境，制定相应的归档时间窗口，将不常被访问的数据迁移到高容量、低成本的归档设备上。

- 完全恢复。利用重做日志或增量备份将数据块恢复到最接近当前时间的时间点。

- 差异恢复。差异恢复是根据用户的要求，将时间点之间的差异部分恢复，也就是在数据的变动部分选择恢复。

- 任意时间点恢复。任意时间点恢复类似于完全恢复，根据用户的要求，将数据恢复到指定时间点时的状态。

容灾策略还可以根据实际运营情况，增制更多的选择参数，满足租户需求，形成差异化的产品和资费，满足不同档次的业务需求。

（3）业务连续性设计

业务连续性在日常工作中执行，涉及各种灾难场景下对各项业务的影响分析和风险评估，并开发制订出应对各种情况的灾难恢复计划、方法和流程，以减轻灾难可能带来的不利影响。

业务连续性建设包括系统高可用性、持续运行性和灾难恢复3个方面。系统高可用性以容错和防错的基础设施支持持续的应用处理；持续运行性是指连续的系统日常备份和维护及持续的应用可用性；灾难恢复是指通过可靠的系统恢复，防止计划外停机。

根据具体的业务进行相应需求分析时，分析的范围包括定性或定量分析关键业务中断的影响或损失、定义关键业务功能和业务流程、分析关键业务功能、业务流程所依赖的资源、分析业务与 IT 系统的映射关系、分析各关键业务功能最小资源要求、业务重要性分类、定义容灾目标、数据追补能力及方式。

业务连续性的实现原理主要是依靠异步复制技术，异步工作方式能够在远端更新未完成的情况下，只要本地更新成功就可以向主机返回"写成功"信号。在主备机房之间的数据链路带宽成为瓶颈时，采用异步工作方式可以不影响主机房生产系统的性能。但是采用此方式时数据将有可能丢失，或当异步、同步不能最终成功完成的情况下，数据的一致性无法得到保证。

当生产中心发生灾难后，系统发现不能再提供业务。灾备中心的从 LUN[1] 中保存着与主 LUN 较短时间间隔的数据，保障尽量少的数据丢失，如果灾备中心部署备用主机，则备用主机可以访问从 LUN，保证最短时间接管业务，实现业务连续。从 LUN 开始被主机访问后，每次收到新写入的数据，远程复制会自动记录其地址，以便用于后续增量恢复，缩短业务回切的时间。

当生产中心灾难恢复后，如果存储系统没有受到破坏，主 LUN 能够恢复其原有数据，则远程复制可以将主 LUN 故障期间从 LUN 1'新写入的数据增量复制到主 LUN。复制完成后，主从 LUN 保持复制关系，此时，可以将业务切换回生产中心，重新由生产主机访问存储阵列的主 LUN，远程复制重新保持由主 LUN 向从 LUN 实时同步数据。当存储系统被破坏，数据不可修复时，需要重建存储系统，将从端数据反向复制到主端存储系统，调整主从关系，在生产中心恢复业务，最大限度地保障业务的连续运行。

5）业务流程

（1）灾备服务流程

租户首先要创建生产虚拟机和灾备虚拟机，然后手动关闭灾备虚拟机，申请主备灾备服务，租户提交容灾申请时，选择异步复制周期和要备份的云生产服务器，选择对应的容灾服务器和容灾 SLA 信息。

1　LUN：Logical Unit Number，逻辑单元号。

租户完成以上操作后，系统后台将开始进行容灾业务的发放操作，记录生产虚拟机和占位虚拟机之间的配对关系，然后创建保护组，后台自动发放云容灾卷，配置复制 Pair，配置一致性组，完成以上配置后开始初始化同步过程，卸载容灾 VM 卷、锁定容灾 VM 后，新建恢复计划。

容灾服务开通需要做好以下准备工作。

每个站点需要规划 AZ，每个 AZ 需要有计算和存储资源，主备站点需要容灾的存储间的复制链路要配置完成。

FusionShpere OpenStack 版本、ManageOne Service Center、BCManager eReplication 系统需要全部部署正确。

灾备服务流程如图 4-23 所示。

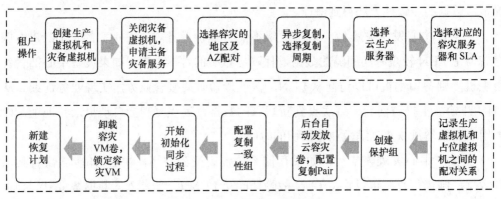

图 4-23　灾备服务流程

FusionShpere 存储和计算的对接完成，存储采用 Advanced SAN（小 LUN）对接。

租户创建容灾服务后，系统对容灾业务进行发放，通过 BCManager 云容灾组件进行自动化开通，通过 FusionSphere 查询生产 VM 和容灾 VM 分别对应的存储资源，配置容灾 VM，为其分配容灾存储资源，然后执行 LUN 创建。FusionSphere 创建容灾关系，执行容灾关系建立后，执行远程复制，将生产存储数据存入灾备存储。

灾备服务原理如图 4-24 所示。

（2）灾难恢复流程

灾难故障发生后，系统会首先对本次故障进行评估，再对故障进行报告，并重新分派资源，开始启动资源恢复，系统进行容灾接管，对数据库、应用服务等进行切换，然后对业务恢复测试，确认业务能够持续正常运行后，对生产系统进行重建，容灾回切会将系统回切。灾备恢复流程如图 4-25 所示。

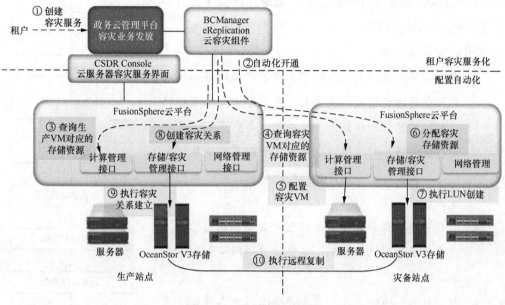

图 4-24 灾备服务原理

① 异地备份流程

- 首次备份（全量）：备份管理系统的首次备份任务默认执行全量备份，对磁盘中的全部数据进行备份。

- 后续备份（增量）：后续备份任务默认执行增量备份。通过对比生产端磁盘的前后两次快照，获取前后两次备份之前的数据变更信息，从磁盘中取出有变更的数据进行备份。

② 灾备切换流程

- BCManager 调用生产中心 OpenStack Nova 接口，停止生产虚拟机，Nova Driver 调用虚拟化平台，完成虚拟机停机。

- BCManager 调用灾备中心 OpenStack Cinder 接口，启用灾备卷资源，Cinder Driver 调用 SAN 存储，执行备端读写操作。

- BCManager 调用灾备 OpenStack Nova 将备端磁盘挂接给虚拟机，Nova 通过 Cinder 驱动完成 SAN 存储的 LUN 映射和挂接。

- BCManager 调用灾备 OpenStack Nova，执行虚拟机启动并加载网络。

当生产中心发生故障时，BCManager 将不需要调度生产中心的 OpenStack 进行停机操作，而是直接操作灾备中心进行灾备虚拟机恢复。

③ 容灾恢复流程

- 双中心同配置，创建资源。根据生产中心网络、计算、存储等资源类型及容灾要求，在灾备中心配置相同或相似的网络、计算、存储资源。当生产 VM 需要进行容灾保护时，根据生产虚拟机配置及灾备规划情况，在灾备中心创建对应的虚拟机、网络和磁盘资源。

- 远程复制，保护数据。根据生产灾备的磁盘信息，在存储层创建远程复制，实现数据的同步或者异步容灾保护。

- 即刻挂起，随时恢复。当生产中心因为各种故障无法继续提供虚拟机访问时，通过启用被保护的磁盘挂接给灾备虚拟机，恢复灾备数据。

- 关联网络，重新上线。根据灾备站点恢复需要关联恢复的网络，并启动灾备中心虚拟机基础设施，完成灾难恢复。容灾恢复流程如图 4-26 所示。

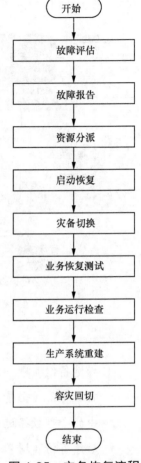

图 4-25　灾备恢复流程

6）功能设计

政务云容灾平台可以实现资源管理和备份容灾体系的统一管理，且各租户不用独自建设，减少了用户在数据安全保护建设上的投入，特别是多层结构的单位，简化了备份容灾体系的运维管理。

- 分享物理环境。所有租户的备份容灾空间都建立在同一套物理备份容灾环境中，按租户购买情况分配私有的业务和存储空间，基于统一平台的管理，对备份容灾有更为清晰的建设规划。

- 高效获取服务。租户按需购买，即买即用。租户在平台上购买服务后，就可以使用政务云容灾平台的业务功能及存储空间，对自己的数据进行安全保护，不需要长时间进行备份容灾软件的部署。

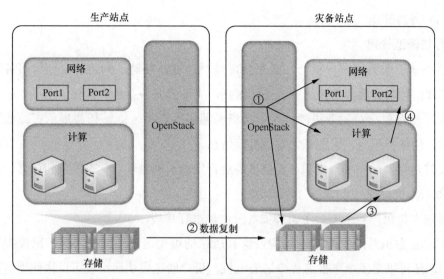

图 4-26 容灾恢复流程

- 节省建设成本。通过租用获得所需，不需要为搭建容灾平台投入过多的费用，节约了建设成本，同时也减免了后期对设备的维护成本。

（1）租户管理

政务云容灾平台建立租户体系，并提供管理。

在政务云容灾平台中建立租户关系，即可获得一个绑定账户。

支持为用户分配多种角色，包括管理员、操作员、审计员等，每个用户根据角色的不同，按权限使用政务云容灾平台为租户提供服务。

对每个租户信息进行私有管理，租户之间的信息互不干预。

租户可以对名下的生产服务器和灾备服务器进行管理，通过工单申请灾备服务开通。

（2）业务管理

租户获得授权服务后，就可以对各种客户端资源进行备份容灾管理。

在租户的私有备份容灾环境中，可自行为租户中的用户分配可备份容灾的资源。

支持租户对文件、数据库、应用软件、操作系统、虚拟机等多种资源进行备份容灾管理。

建立租户的业务私有空间，租户间业务隔离，每个租户只可查看自己的作业和告警。

平台租户可以实时查看业务的执行情况，对于出现的告警信息，平台可以通过邮件通知相关用户，让用户及时了解情况，并安排处理。

（3）资源管理

① 资源池管理

系统基于服务的统一整合，云平台可以对计算、存储、网络、安全等服务进行统一管理，屏蔽底层异构云的服务操作区别，实现云服务业务一体化。

系统支持租户对生产资源池和灾备资源池进行查看，能够拓扑展示资源池下的资源树，包括资源池、宿主机、虚拟机等信息。

支持对资源池中的宿主机、虚拟机等进行生命周期管理、状态监测和信息查询。

② 云主机管理

系统支持租户对生产云主机和灾备云主机进行管理。

创建云主机时，租户可以按需设置其所在的可用区、CPU、内存、镜像类型、网络等，还可以走工单审批流程申请云主机。租户创建成功后，就可以像使用自己的本地计算机或物理服务器一样，在云上使用云主机。

系统在现有资源池云主机管理的基础上，兼容新增边缘云资源池云主机管理，对异构虚拟化 / 云平台资源池进行虚拟机管理。

系统支持新增边缘云资源池云主机全生命周期管理，包括云主机开通创建。实现对云主机的操作控制，例如，同步、创建、启动、关闭、重启、暂停、磁盘挂载、磁盘卸载、获取密码、登录控制台、配置调整、删除等能力。

系统支持租户对自己权限下的云主机进行管理，具有查看云主机摘要信息、查看云主机监控数据、登录云主机控制台、查看及修改云主机配置信息等功能。

（4）网络管理

VPC 即虚拟私有云，是一套隔离的、租户自主配置和管理的虚拟网络环境，用于提升用户云中资源的安全性，简化租户的网络部署。

虚拟私有云为云主机提供一个逻辑上完全隔离的专有网络，租户还可以在 VPC 中定义安全组、IP 地址段等网络特性。用户可以通过 VPC 方便地管理、配置内部网络，进行安全、快捷的网络变更。同时，租户可以自定义安全组内与组间云主机的访问规则，加强云主机的安全保护。

- VPC 管理：实现 VPC 创建、查询、删除、更新等能力，展示 VPC 详细信息和 VPC 下的子网、路由表。
- 子网管理：实现子网的创建、修改、删除等功能，展示子网的详细信息，支持对子网下已用 IP 和使用用途的查看。

（5）统计分析

① 灾备服务工单统计

系统支持提供灾备服务工单资源统计清单功能，可以对灾备服务开通的工单进行统计，支持工单资源信息的展示和导出。

② 资源池分配情况

对生产资源池和灾备资源池进行分析并生成报表。报表是对数据中心的设备数量、资源利用率、容量、组织资源进行统计分析并展示的工具。管理员可以通过定义周期任务生成相应的周期报表数据，并支持以邮件的方式通知需要关注的人员，辅助完成业务的分析和评估。

（6）容灾管理

① 云容灾服务

云容灾为云主机或裸金属提供跨云异地容灾保护，当生产中心发生"灾难"时，可在异地灾备中心手动或自动恢复受保护的云主机或裸金属。云容灾通过云间存储异步复制、镜像复制恢复、结合数据库容灾技术实现备份。

云容灾系统集成了本地高可用集群系统、异地容灾系统的优点，结合云端的集中管理，集中数据分析等功能，打造了一种功能强大的云端应用。基于云端的集中管理，灾备服务切换时间短。

主备云主机所在的云是同构的，是在同一云上的，可以通过政务云容灾平台统一控制。容灾服务的配置及操作入口统一在政务云容灾平台侧，通过调用资源池的相关容灾配置及操作接口，实现容灾的配置及容灾的切换，容灾备份的执行由资源池侧来完成。

② 云主机灾备

考虑备份容灾 / 恢复数据在云平台中的开放性与通用性，通过云平台接口实现无代理备份容灾或在云平台虚拟机安装 OS 备份容灾代理的方式实现备份容灾，从而实现备份容灾过程。当恢复时，可从备份容灾系统中恢复出虚拟机，实现云平台虚拟机的恢复。

基于虚拟化接口开放的无代理备份容灾方式，备份容灾服务端接入虚拟化平台的网络中，即可进行环境中虚拟机的备份容灾与恢复。部署时不需要在宿主机中安装任何程序，也不会影响虚拟化平台的原始环境。

③ 虚拟机信息自动扫描

进行虚拟机备份容灾的首要工作是获取需要备份容灾的所有虚拟机，虚拟机备份容灾模块可以远程连接宿主机，通过自定义的扫描接口，自动扫描宿主机中的所有虚拟机的信息，将宿主机中的所有虚拟机信息读取到备份容灾存储中，以便系统管理员可以通过备份容灾恢复界面，直观地看到所有虚拟机的信息。

④ 虚拟机快照

当虚拟机处于运行状态时，为保证备份容灾数据的一致性，必须对虚拟机打快照。

使用虚拟机的外置快照技术进行虚拟机的快照创建，外置快照创建完成后，快照点的数据可保证数据的一致性。当虚拟机备份容灾时，读取快照中的数据，整个过程不影响原虚拟机的使用，备份容灾完成后自动清理之前创建的快照。

⑤ 数据传输

数据传输采用无代理的部署架构，运用宿主机中虚拟平台的监听及信号传输机制来完成备份容灾数据的传输，传输过程能够确保数据的正确性及一致性，并能显示传输进度。

⑥ 虚拟机恢复重建

虚拟机备份容灾的目的是能够在灾难发生后恢复虚拟机。

为了保证备份容灾的虚拟机能够迅速恢复，虚拟化备份容灾模块在备份容灾虚拟机磁盘数据的同时，也对在恢复时需要用到的虚拟机配置信息使用特定的格式进行了备份容灾，当恢复时，使用备份容灾的配置信息自动生成虚拟机完整的配置文件，使用该文件进行虚拟机重建，确保重建的虚拟机配置与原虚拟机一致。

⑦ 存储空间分配

虚拟化备份容灾模块支持虚拟机异机恢复，当异机恢复时，不但虚拟机存储路径会发生变化，异机中的存储空间情况也无法预知，判断或选择合适的存储空间用于恢复是完成异机恢复的关键。

将宿主机中虚拟机所使用到的存储目录划分为不同的存储池，在进行异机恢复时，使用 RPC 调用获取各存储池的剩余存储空间，选择其中大于需要恢复虚拟机容量的第一个存储池用于恢复时使用，如果没有满足条件的存储池，则无法进行虚拟机的恢复，则会提示存储空间不足。

⑧ 跨机房数据复制

跨机房数据复制的特点如下。

• 基于多数据中心的多级复制，实现数据级容灾备份。

• 备份环境的自我定时保护。支持通过配置自我备份任务，定时对备份索引进行备份，保护用户、用户组、存储池、备份集记录等信息，当生产中心出现异常时，可以利用索引备份集进行主机环境的恢复。

- 基于灵活的池复制功能，实现多级复制、数据多副本存放，消除备份集单点故障。
- 结合自动恢复演练，可验证备份集的有效性。
- 备份集异地可直接恢复，最大限度地保障了备份集的可用性。
- 温冷数据自动分层管理，可实现数据智能生命周期管理。

⑨ 应用系统容灾接管

应用接管政务云容灾平台可以实现对机房信息化平台所有 x86 服务器的一体化应急与运维保障，根据平台各节点硬件配置的不同，单节点可以实现对机房信息化平台多台服务器的同时保障，根据机房服务器的实际情况，平台可以实现任意数量的节点扩充。

数据复制引擎对生产主机整体（包括系统、应用、数据），采用块级备份技术整体备份为虚拟机磁盘，实时增量备份。

当服务器出现故障时，平台可以实现对业务的应急接管。当需要恢复或者迁移时，平台提供的无缝恢复功能可以帮助用户在业务在线的情况下，实现业务快速恢复。

容灾系统不仅可以提供应急接管功能，同时还附带业务系统历史版本恢复和仿真测试功能，历史版本恢复功能可将业务服务器的整个工作负载（操作系统、应用、数据）恢复到任意时间点；通过使用仿真测试功能提供与生产环境相同的系统、应用、数据，当对生产服务器进行升级补丁、升级软件时，可以在仿真测试平台中进行测试，测试通过后再在生产环境中操作，这样可以降低运维过程中所带来的风险故障。

⑩ 灾备资源重复数据删除

- 支持源端去重，减少备份业务在数据传输时对网络资源的占用。
- 集合了固定块和变长块的分割技术，对不同的备份目标类型选用合适的数据分块技术。同时，采用变长块分割技术针对不同范围内的数据对象进行动态分块，使数据块的匹配概率和效率更高。
- 采用优化的指纹索引技术进行数据比对。提升数据的比对效率，减少了对客户端主机计算资源的占用，使数据去重运算在客户端主机资源占用和重删率之间达到最佳平衡点。
- 支持全局重删和局部重删，最大化地减少备份数据的冗余存储。

7）方案特点

在政务数据中心的政务云平台中部署一套政务云容灾系统，接入一台独立的存储设备作为备份空间，使备份数据和业务数据实现安全分离。

政务云容灾系统可以实现在云主机上不安装任何客户端即可对云主机整机进行备份的效果，使绝大部分业务环境实现了效果统一的备份管理，屏蔽了复杂环境下的运维难度。

针对部分核心业务数据库和文件，政务云容灾系统也可以直接进行有针对性的备份，一旦该部分数据出现问题，可将数据直接恢复到指定数据库或文件路径上。

（1）无代理备份技术

针对云主机的备份，不需要在云主机中安装代理，极大地简化了项目实施管理难度。同时不会因业务环境的复杂导致兼容性问题，还避免了备份系统与业务应用，特别是定制化应用在使用过程中可能发生的兼容性冲突。

（2）基于租户的备份方式

政务云容灾系统可以提供基于租户的备份方式，政务云上各单位部门租户可通过自己的账号进行针对自身的备份任务制定。该方式可以通过一个任务备份该租户账号下所有的云主机，一旦租户后续添加新的云主机业务，新加的云主机将自动纳入备份任务，不需要手动另行添加，让安全保护更加简单和智能。

（3）备份效率高效

政务云容灾系统独立研发的专有高效备份引擎可在极低的性能消耗的前提下，单节点实现接近万兆带宽极限的备份效率，同时配合先进的智能介质管理功能，可通过增加介质管理节点、备份系统智能选择传输路径来线性提升备份性能，满足政务云用户的海量数据保护需求。

（4）全过程安全加密

政务云容灾系统已通过国家保密产品认证，在备份管理、备份传输和备份存储等全过程中实现了安全加密，不仅支持通用加密方式（例如，AES 256 和国密），同时也支持租户根据自身业务特点，使用自有的加密密钥及证书，确保备份过程符合各单位部门自身的安全策略要求。

（5）灵活的恢复方式

政务云容灾系统为政务云恢复场景提供了灵活的恢复方式，例如，指定云主机恢复、指定平台恢复、覆盖恢复和全新恢复等，既能在"灾难"情况下实现快速的本地/异地数据恢复，也能将云主机恢复成一个测试演练平台，用于其他操作需求。

（6）国产化环境支持

政务云容灾系统目前已完成大部分国产化基础场景的适配，支持大部分国产CPU、操作系统及关系型数据库的备份保护需求，可满足国家信息化创新战略需要。

3. 案例实践

1）容灾配置

在配置容灾特性前，请按以下步骤检查当前的系统是否满足配置要求。容灾配置准备工作见表4-3。

表4-3　容灾配置准备工作

FusionCube 版本要求	• FusionCube 为 8.0 及以上版本，且生产站点和容灾站点版本要求一致 • 本文档不适用于通过升级至 8.0 及以上版本的场景
站点间复制 网络要求	• 最小连接带宽不小于双向 10Mbit/s，且复制卷平均带宽不大于远程复制带宽 • 复制网络支持 GE（TCP/IP）、10GE（TCP/IP）和 25GE（TCP/IP） • 主端存储系统和从端存储系统距离建议在 3000km 之内
开启"存储容灾"	• 复制节点和存储节点采用同一服务器时：部署复制服务，每节点需要增加 8GB 内存。需要手动为融合节点（MCNA/SCNA）增加 8192MB 的管理域内存预留 • 融合节点手动增加管理域内存预留的方法为：登录 FusionCompute 界面，导航至"资源池"选择待配置主机，再导航至"配置→系统配置→主机设置→管理域资源"，单击"设置" • 说明：所有使用异步复制的节点均需要配置 管理域资源设置 虚拟化域普通内存MB = 主机物理内存MB - 管理域内存预留MB - 大页内存MB 主机物理内存(MB)：385097　虚拟化域普通内存(MB)：327160 大页内存(MB)：0 管理域内存预留(MB)：57937 防病毒内存预留(MB)：0 CNA内存预留(MB)：− 13,312 + FSA内存预留(MB)：− 44,625 +　基于当前度需增加8192MB的内存用于容灾 管理域vCPU预留(个)：7 防病毒CPU预留(个)：0 CNA vCPU预留(个)：− 3 + FSA vCPU预留(个)：− 4 + □ CPU在所有NUMA节点上均分 确定　取消

容灾管理软件与FusionCompute的对接用户要求	• 需要提前配置对接用户，用于容灾管理软件与usionCompute对接，方法为：登录FusionCompute界面，导航至"系统管理→权限管理→用户管理"，单击"添加用户"，用户类型选择"接口对接用户" • 说明：生产站点和灾备站点都需要配置 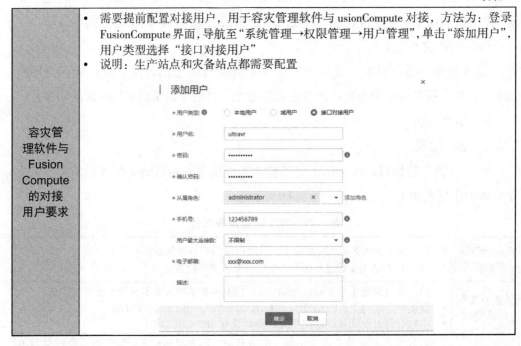

2）配置容灾管理软件

（1）发现远端管理服务器

仅当主备站点均部署了容灾管理软件时，需要进行此项操作。

步骤1：登录"政务云容灾平台容灾管理生产站点"界面，导航至"资源"，单击加号图标。"政务云容灾平台容灾管理生产站点"界面如图4-27所示。

图4-27　"政务云容灾平台容灾管理生产站点"界面

步骤2：添加远端管理服务器，填写容灾管理灾备站点IP地址，默认密码。添加远端管理器如图4-28所示。

步骤3：登录"灾备站点容灾管理"界面，参照步骤1、步骤2，在灾备站点上添加生产站点IP地址。添加生产站点IP地址如图4-29所示。

图 4-28　添加远端管理器

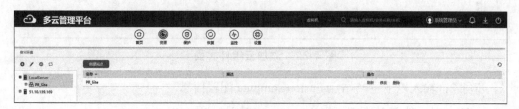

图 4-29　添加生产站点 IP 地址

（2）创建站点

步骤 1：登录"生产站点容灾管理"界面，选择"LocalServer"，单击"创建站点"，创建生产站点"PR_Site"。创建生产站点如图 4-30 所示。

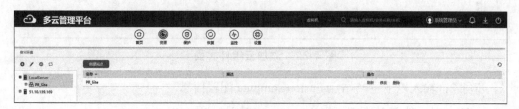

图 4-30　创建生产站点

步骤 2：选择灾备站点，单击"创建站点"，创建灾备站点"DR_Site"。

（3）添加存储设备

步骤 1：展开生产站点"PR_Site"，选择"存储"，单击"添加存储设备"，输入以下信息。

- IP 地址：生产站点 IP 地址。
- 端口：选择"自定义端口"，输入端口。
- 输入用户名。
- 输入默认密码。

添加存储设备如图 4-31 所示。

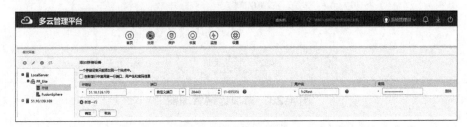

图 4-31　添加存储设备

步骤 2：展开灾备站点"DR_Site"，选择"存储"，单击"添加存储设备"，参考步骤 1 输入灾备站点对应的信息。

（4）添加云组件

步骤 1：展开生产站点"PR_Site"，选择"FusionSphere"，再选择"添加 FusionSphere 组件→ FusionCompute"。添加云组件界面如图 4-32 所示。

图 4-32　添加云组件界面

步骤 2：输入以下生产站点 FusionCompute 配置信息。

- IP 地址：生产站点 FusionCompute IP 地址。
- 端口：保持默认值。

- 用户名: FusionCompute 与容灾管理软件的对接用户。如果没有配置对接用户, 请参考容灾配置准备工作。
- 密码: 对接用户密码。

输入生产站点配置信息如图 4-33 所示。

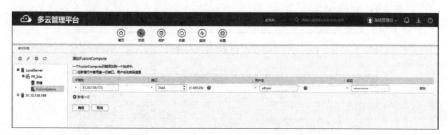

图 4-33 输入生产站点配置信息

步骤 3: 展开灾备站点"DR_Site", 选择"FusionSphere", 选择"添加 Fusion Sphere 组件→ FusionCompute"。参考步骤 1、步骤 2, 完成灾备站点 FusionSphere 配置。

步骤 4: 选中生产站点"PR_Site"下的的"FusionSphere", 导航至"集群映射", 单击"添加", 添加集群如图 4-34 所示。

图 4-34 添加集群

步骤 5: 选择对端站点名称和相应的 FusionSphere 编号, 单击"下一步"。选择相应编号如图 4-35 所示。

步骤 6: 分别选中生产站点和灾备站点中需要匹配的集群名称, 本例为默认的 "ManagementCluster"。当状态为"已配对"时, 依次单击"添加到映射视图"和"完成"按钮。选中匹配的集群名称如图 4-36 所示。

步骤 7: 导航至"端口组映射", 单击"添加"。"端口组映射"界面如图 4-37 所示。

步骤 8: 选择灾备站点名称和相应的 FusionSphere 编号, 单击"下一步"。选择相应名称和编号如图 4-38 所示。

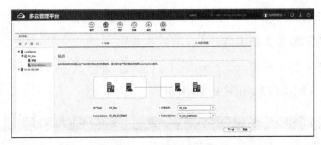

图 4-35　选择相应编号

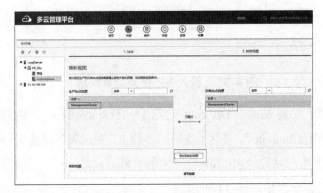

图 4-36　选中匹配的集群名称

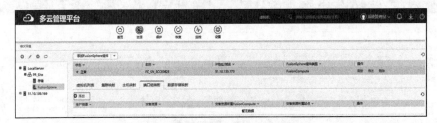

图 4-37　"端口组映射"界面

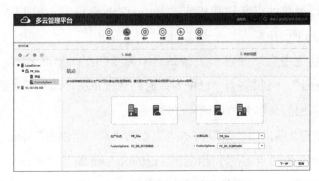

图 4-38　选择相应名称和编号

步骤 9：选择站点之间需要映射的端口组，然后单击"添加到映射视图"，添加集群映射和端口组映射即可。选择端口组如图 4-39 所示。

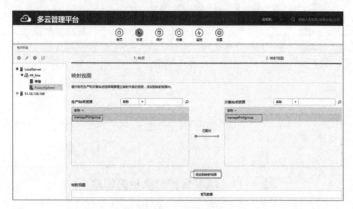

图 4-39　选择端口组

步骤 10：至此已完成容灾管理软件的基本配置。用户可以创建"保护组"和"恢复计划"，对虚拟机进行容灾保护。

（5）创建保护组和恢复计划

① 保护组和恢复计划概念

保护组是保护对象（虚拟机）和保护策略的集合。当多个虚拟机添加到一个保护组时，所有虚拟机对应的虚拟磁盘（VMDK[1]）在 OceanStor Pacific 中对应一个一致性组。保护组中的虚拟机满足崩溃一致性。单个保护组最大可支持 128 个 VMDK。

容灾管理软件支持根据已创建的保护组制订恢复计划，并基于恢复计划一键式实现容灾测试、故障恢复和计划性迁移，在灾备站点的指定主机上拉起应用。

② 配置方法

步骤 1：登录"容灾管理生产站点"界面，导航至"保护→ FusionSphere 虚拟机"，单击"创建"。容灾管理生产站点界面如图 4-40 所示。

图 4-40　容灾管理生产站点界面

1　VMDK：VMware Virtual Machine Disk Format，虚拟机 VMware 创建的虚拟硬盘格式。

步骤 2：填写保护对象相关信息。填写保护对象相关信息如图 4-41 所示。

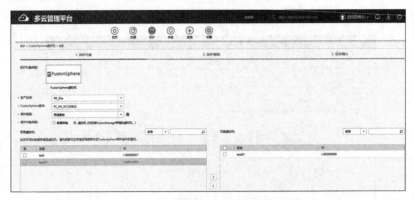

图 4-41　填写保护对象相关信息

- 生产站点：根据实际情况选择生产站点。

- FusionSphere 组件：根据实际情况选择 FusionSphere 组件。

- 保护类型：必须选择存储复制。

- 保护对象类型：必须选择虚拟机。

- 可用虚拟机：根据实际情况选择需要保护的业务虚拟机。

步骤 3：设置复制目标存储。设置复制目标存储如图 4-42 所示。

图 4-42　设置复制目标存储

- 灾备站点：根据实际情况选择灾备站点名称。

- 灾备存储：根据实际情况选择灾备存储名称。

- 灾备存储池：默认选择 "StoragePool0"。

步骤 4：设置 "调度策略"。设置 "调度策略" 如图 4-43 所示。

图 4-43 设置 "调度策略"

- 执行策略：可以选择 "周期调度" 和 "按需调度"，建议选择 "周期调度"，"按需调度" 需要手动执行。

- 时间周期：请根据容灾保护的重要程度设置周期，最小周期为 5 分钟。通常情况下，如果对 RPO 无特殊要求，建议设置为 1 天。对 RPO 有特殊要求的，根据实际需求设置。如果勾选 "期间执行"，可以设置复制执行的时间区间，建议避开业务高峰期。不同的保护组建议设置不同的时间区间，以避免资源争抢。有效期开始时间建议设置为初始同步完成后的时间。可以根据初始同步的数据量进行估算，例如，360GB 数据、100Mbit/s 的复制带宽需要 1 小时的初始同步时间，有效期开始时间建议设置为 "当前时间增加 1 小时"。

- 预期 RPO：勾选后，系统将按照配置的预期 RPO 进行检查，当实际 RPO 超出预期 RPO 时，系统将进行 RPO 不满足告警。

步骤 5（可选）：设置 "复制策略"。设置 "复制策略" 如图 4-44 所示。

复制策略分为 "默认配置" 和 "手动配置" 两种。选择 "默认配置" 时，每个 VMDK 的复制速率默认为 32768kbit/s。选择 "手动配置" 时，可灵活配置复制速率。建议综合考虑总复制带宽、保护组中虚拟机数量及虚拟机数据增长速度来设置复制速率。需要特别注意的是，复制速率设置作用在 VMDK 级别。

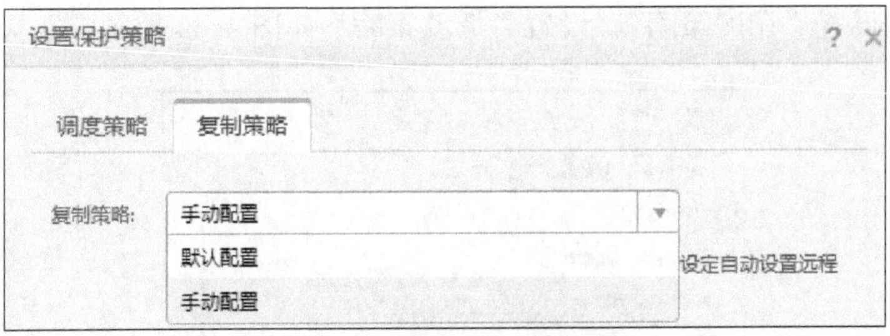

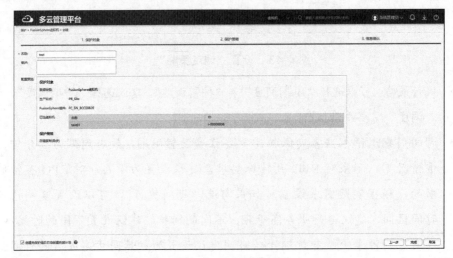

图 4-44　设置"复制策略"

步骤 6：设置完复制策略后，填写保护组名称，建议勾选"创建完保护组后自动创建恢复计划"，系统会自动创建恢复计划。"自动创建恢复计划"设置如图 4-45 所示。

图 4-45　"自动创建恢复计划"设置

3）容灾操作

（1）容灾演练和测试恢复计划

① 容灾演练

政务云容灾平台直观地展示容灾方案全局拓扑和监控相关部件的实时状态。政务云容灾平台管理数据一致性、快照、远程数据复制技术，提供应用感知（包括应用自动识别、应用数据一致性、应用自动拉起）、简化管理（包括可视化拓扑、基于策略的灵活保护、一键式恢复切换、容灾监控）和容灾测试（包括可恢复性验证、一键式测试）等功能。

容灾演练是在实际生产环境中模拟故障切换及回切的过程，在此过程中可以检验当前整体容灾方案的效果，并总结当前方案的不足，以便完善方案，提升业务数据的安全性。

模拟应用场景构建用户业务，利用灾备区域中相应的备份数据重建用户的全部或部分应用场景，进行"灾难"恢复演练，确保"灾难"发生时数据不丢失、服务不中断。

承载业务的演练包括数据级演练和应用级演练两种。

- 数据级演练是指文件、数据库、卷等的在线数据查看、恢复等，对核心关键业务数据提供过去任意时间的回退、查看、指定数据下载等。
- 应用级演练是指模拟关键核心业务因故障导致服务中断，系统将服务迁移至灾备中心上运行，代替生产中心对外提供服务。在此期间，业务不中断，零数据丢失。

容灾演练包括演练预案、演练切换、业务检查、执行演练回切、总结和改进。

- 演练预案：用户需要确定容灾演练的时间、范围（对哪些应用进行演练）、流程、验证方法与步骤，制定相应预案（或计划）并完成审批。
- 演练切换：在实际生产过程中，中断业务并执行故障的切换动作，由容灾端接管业务。
- 业务检查：用户根据演练预案中的验证方法与步骤，验证演练效果，即演练新启动的业务系统运行状态与数据完整性。
- 执行演练回切：当用户完成业务验证后，执行容灾回切过程，恢复业务到演练前的状态。
- 总结和改进：总结演练过程及问题，并完善容灾方案。

容灾演练交互关系如图 4-46 所示。

② 测试恢复计划

针对已经创建的恢复计划，操作人员通过测试操作来验证复制到灾备站点的数据的可用性。测试期间，灾备站点利用快照的方式产生测试数据，不会对生产站点造成任何影响。测试后，需要清理测试环境。在进行故障恢复或计划性迁移前，建议至少成功执行一次容灾测试，步骤如下。

步骤 1：登录"灾备站点容灾管理"界面，导航至"恢复"，选择待测试的恢复计划，单击"测试"。

步骤 2：测试站点选择灾备站点。测试站点选择如图 4-47 所示。

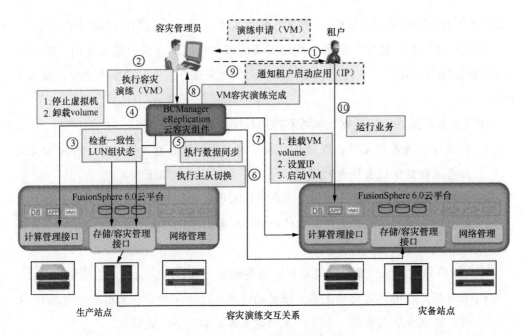

图 4-46　容灾演练交互关系

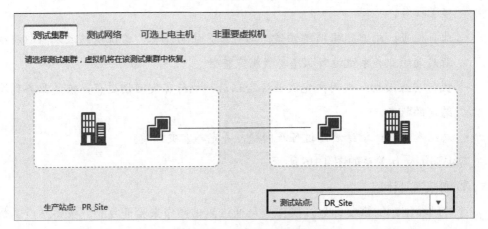

图 4-47　测试站点选择

步骤 3：根据实际情况选择测试网络。选择测试网络如图 4-48 所示。

步骤 4（可选）：上电主机和非重要虚拟机保持默认，不用配置。

步骤 5：测试完成后需要执行"清理"操作。执行"清理"操作如图 4-49 所示。

图 4-48　选择测试网络

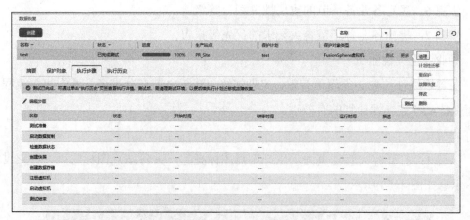

图 4-49　执行"清理"操作

（2）业务连续性验证

① 现状评估分析

对现有的风险及"灾难"管理能力和水平进行评估，目的是了解灾难控制和预防的现状，将其作为确定具体项目实施目标的依据。

步骤如下。

步骤 1：完成项目的起点和目标设定，以及确定项目实施范围。

步骤 2：定义容灾建设的目标。

步骤 3：确定容灾项目的范围和目标。

步骤 4：分析现有容灾情况。

② 业务影响分析

在风险管理评估的基础上，评估各种可能无法规避的灾难对业务的影响，包括无形的影响（例如企业形象、客户满意度等）和可量化的影响（例如收入损失、资产损失等）。

步骤如下。

步骤1：确定灾难影响的业务环节。

步骤2：详细分析灾难对各业务环节产生的影响。

步骤3：根据以上分析确定各种灾难发生时客户遭受的损失程度。

步骤4：确定各业务环节灾难恢复时间要求（RTO和RPO）。

步骤5：确定可能的灾难并划分可能性等级。

步骤6：确定各业务环节的重要性并划分等级。

步骤7：提出各业务环节容灾要求的优先级报告。

③业务连续性测试

业务连续性计划必须简单有效，定期演练，演练之前充分准备，遵守相关流程，从而保持业务连续性计划的有效性。

步骤如下。

步骤1：打开容灾管理页面，生产站点图标亮起，灾备站点图标熄灭。容灾过程展示示意如图4-50所示。

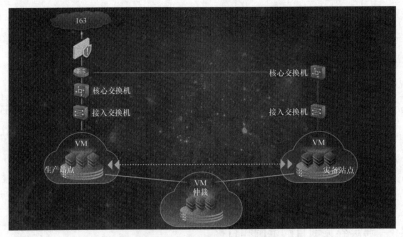

图4-50 容灾过程展示示意

步骤2：在多云管理平台登录灾备机房确认不存在待测试容灾的虚拟机。多云管理平台界面如图4-51所示。

步骤3：FTP向生产站点虚拟机传输大批量文件。传输数据界面操作如图4-52所示。

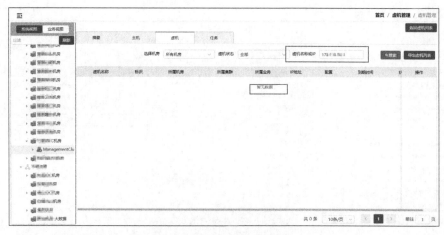

图 4-51　多云管理平台界面

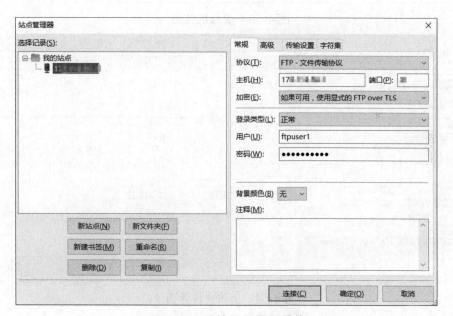

图 4-52　传输数据界面操作

步骤 4：传输过程中将生产站点虚拟机关闭，并登录容灾软件进行容灾演练切换，测试恢复计划。虚拟机关闭如图 4-53 所示。

步骤 5：容灾演练切换成功后，FTP 自动切换连接灾备站点虚拟机，原生产站点虚拟机的文件仍然存在，且能够断点续传，继续传输文件。上传文件界面如图 4-54 所示。

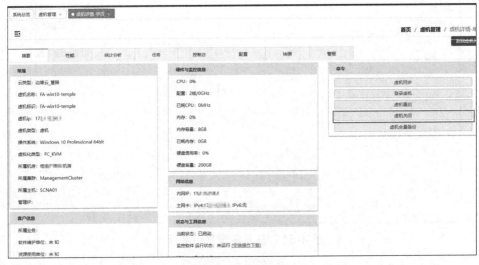

图 4-53　虚拟机关闭

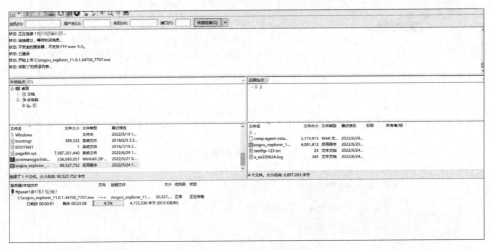

图 4-54　上传文件界面

步骤6：打开容灾管理页面，生产站点虚拟机图标熄灭，灾备站点虚拟机图标亮起。

说明：容灾演练中的生产站点并非真实地发生故障，只是通过容灾软件模拟演练，其关键点在于通过真实的演练来检验，与真实容灾情况操作并非完全相同。

（3）计划性迁移

生产站点的数据或应用由于非灾难性的原因（例如停电、升级、维护等）需要灾备站点恢复业务时，请执行计划性迁移。执行计划性迁移将把生产站点最近更改的业务数据同步到灾备站点，请确保站点间的管理与存储网络正常。

计划性迁移步骤如下。

步骤 1：登录"灾备站点容灾管理"界面，导航至"恢复"，选择待测试的恢复计划，单击"更多→计划性迁移"。

步骤 2：选择灾备站点，其他配置保持默认。

步骤 3：单击"计划性迁移"，执行计划性迁移。

说明：如果在计划性迁移前没有成功地进行容灾测试，将增大计划性迁移失败的概率，而计划性迁移失败将导致容灾业务停止。因此，在进行计划性迁移前，建议至少成功执行一次容灾测试。

（4）重保护

对已经成功进行计划性迁移或者故障恢复的恢复计划执行重保护操作，在原生产站点设备恢复后，对原灾备站点接管的业务进行反向保护，最大限度地简化回切的复杂度。

为了确保重保护前保护和恢复的配置不影响重保护后保护组和恢复计划的运行，执行重保护后系统将自动清理保护和恢复的配置。在执行重保护后，请重新配置保护策略和恢复策略，以确保容灾业务正常运行。

（5）故障恢复

当生产站点的数据或应用由于"灾难"或故障不能正常使用时，执行故障恢复。故障恢复需要在灾备站点进行操作，执行时将使用灾备站点最近的数据进行恢复，并在灾备站点快速启动业务。在进行故障恢复前，建议至少成功执行一次容灾测试。此操作只能在灾备端容灾管理系统进行操作。

当故障恢复完成后，业务已在灾备站点上运行。如果原生产站点在非站点级损坏下重建场景（例如在突然掉电后一段时间内恢复供电等），且需要将业务回切至原生产站，请执行以下操作步骤。

步骤 1：执行重保护。业务回切前，需要通过该操作完成运行在灾备站点上的业务反向保护，将在灾备站点上产生的业务数据按照指定的策略自动复制至原生产站点。

步骤 2：执行测试恢复计划。当重保护完成后，业务数据反向复制至原生产站点，在业务回切至原生产站点前，需要经过一次容灾测试进行数据可用性验证，确保业务回切的成功率。

步骤 3：执行计划性迁移。当需要将业务回切至原生产站点时，执行计划性迁移，业务将自动迁移至原生产站点运行。

步骤 4：执行重保护。为确保回切至原生产站点的业务在发生计划内或计划外事件时，能够在灾备站点上进行恢复，需要再次执行重保护，确保业务被正常保护。

4）容灾切换操作

（1）容灾接管

容灾接管是在生产中心发生严重故障并在短时间内无法恢复时，业务切换至容灾中心。其步骤如下。

① 触发 / 审批

当生产中心发生严重故障时，容灾管理员按照容灾管理规定，根据当前灾难 / 故障的等级条件或者应急预案，发起容灾接管申请并完成所需审批。

② 执行容灾接管

- 数据库主备切换。
- 应用服务切换。
- 流量切换。

（2）容灾回切

当生产中心恢复后，容灾管理员可以执行容灾计划中的重同步，将容灾中心的新数据反向同步到生产中心，并将业务回切到生产中心。其步骤如下。

① 反向同步

生产中心恢复到可工作的状态后，其数据相较容灾端滞后，需要配置反向的数据同步，将容灾端的应用主机、MongoDB、MySQL 和文件服务新增的数据同步至生产端。

② 执行回切

保证生产中心数据是最新的，便可停止容灾端业务，将流量切回到生产中心，并将数据同步方向重新调整为由生产中心向容灾中心同步。

4.3.3 实践成效

1. 经济效益

政务云容灾平台的建设将在经济上对电子政务产生深远的影响，用户能够快速完成复杂的任务，降低项目的风险与管理成本，突破成本或时间的限制，极大地降低电子政务总成本，获得较好的经济效益。

本项目在系统上部署了统一的云资源管理和云计算资源（服务器、存储、网络资源），通过先进的云计算技术，实现各部门在计算、网络、数据灾备、安全保障、运维服务等基础资源的共享。本项目可为各部门相关的政务及各行各业提供公共性、基础性 IT 服务，切实提升信息资源综合利用效率，促进业务协同和信息共享。

（1）节约基础建设成本与运行维护成本，降低财政支出

政务云容灾平台可以为部门提供基础设施云平台，建设庞大的服务器集群、大容量存储和高速网络，形成高可靠、高可用的系统硬件平台，并以按需服务的方式向各部门提供服务。

一方面，政务云容灾平台提高了 IT 基础设施的利用率，避免重复建设，促进节能减排。从总体上看，建设平台将极大地降低财政支出，将各部门的支出集中起来统一用于建设云平台，费用会比分散建设减少许多。

另一方面，各部门专注于业务应用系统提出的需求，不需要花费大量的投资来购买部署计算机软硬件设备和聘用 IT 人员，降低各部门的信息化建设、实施和维护成本，提高各级部门推动业务管理信息化的积极性。政务云容灾平台的建设将提高系统的建设集中度和资源的复用能力，节约大量的网络设备、硬件和存储设备、基础软件和应用支撑类软件的重复投入和资源浪费，并通过集中管理，降低分散管理维护费。

（2）降低项目运作风险和管理开销

用户采用云计算平台，通过自维护的门户服务进行自助服务配置，自行申请需要的资源，降低了冗长的消费模式，使新服务得以快速配置和集成。云计算平台可以降低项目的实施周期，允许项目在更短的时间内完成，与以前的模式相比，用户不需要自行采购，减少了项目实施环节，降低了项目运作风险和管理开销。

（3）提高基础设施使用率，降低项目运行维护成本

信息化部门面临的主要问题是，需要大部分的项目预算用于维护现有的设备，维持现有的服务和基础设施，需要投入大量的人员进行设备维护，以及对设备场地的投入，这就使用于创新或解决新业务需求的可用资源很少，导致项目维护成本高。

根据统计数据，绝大多数服务器的利用率不超过 20%，且每年投入的运行成本和维护成本惊人；80% 的信息系统的运行维护工作花费在系统软件的安装、调试、纠错和维护等基础服务上；按单位面积计算，数据中心、网管中心等机房设施的建设

和运行成本是普通办公室建设和运行成本的 100 倍以上。

传统政务数据中心建设和运行成本不断上升，云计算将腾出大量的资源，利用云计算模式来提高政府数据中心的运行效率，降低政府数据中心的建设成本。通过集中统一管理，政府数据中心集中了项目基础设施，提高了设备与基础设施（机房等基础配套设施）的利用率，对资源按需分配，系统软件的安装、调试、纠错可以按模板自动配置，既降低了运作成本，又降低了故障或退出的成本，如果一个应用程序不再被使用，可以随时退还占用的资源，而不用人工干预，减少了进一步的注销和费用；同时通过集中管理和维护，各部门通过统一、自动化维护与自助服务，减少了各部门单独管理和维护成本。

综上，政务云容灾平台项目在实施中可共用基础设施，大大降低整体投入。

2. 社会效益

云计算带来的效益绝不仅限于节约成本，还包括如何利用海量信息，提供新信息和高水平的信息分析服务发展分析能力，云计算带领了跨学科发展的新方向，而在政务云领域的云计算应用，以应用为核心，依托云平台，推进政务云健康发展，将带来巨大的社会效益。

（1）提高了云平台数据中心对各类灾害事件的应急能力

异地数据备份中心建成后，延长了容灾距离，提高了重要数据和应用的保护级别，同时，云平台数据中心对现有的系统灾备结构进行了优化。数据中心可以根据应用系统的重要性提供不同级别的灾备服务。

云计算具备对云平台本身的灾难恢复能力，以及为用户业务系统提供的灾难恢复能力，提供了完备的基于云的异地容灾备份体系，实现租户灾备数据隔离。

（2）共享平台资源，促进政务云创新发展

通过政务云容灾平台，各部门能够应用到先进的大型系统平台与重要信息资源，获得创新能力，包括业务管理的创新、公共服务需求拉动式创新、群体创新、信息化创新等。在云模式下，各部门可以形成高效的生产力、服务响应速度和 IT 部署模式，以适应服务化变革趋势。

（3）提升了网络承载能力，使政务办公更加高效

主备中心之间以 100G 波分通道互联。骨干网速率达到 40Gbit/s，网络核心层通过大二层技术实现存储层异地灾备、数据库层异地灾备、网络层异地灾备、应用层异地灾备，为政府部门办公和业务访问提供了保证。

云平台灾备系统提升了公共服务的供给效率和质量，提高了政府服务整体效能，使基础设施共建共用、信息系统整体部署、数据资源汇聚共享、业务应用有效协同。

（4）提高了业务的可用性，使政务服务更加可靠

政务云依托大二层网络、存储、全局负载等技术最终实现异地灾备，采用一体机的形式来提供数据库服务，一方面保证了数据库的高可靠性，另一方面提升了数据库的处理效率，从而带动业务处理效率的提升，最终使运行在政务云上的业务更高效、更稳定、更可靠。

同时通过将设备改造涉及的应用系统，切换到灾备中心运行，生产中心的设备不但按计划实现停机检修、升级，而且应用系统服务不中断，这样保障了改造工作的顺利进行。当服务器故障、机房设备故障、停电等意外事件发生时，系统能在灾备系统中持续运行，保障了各项业务的稳定开展。

（5）充分利用现有资源，提高了资源利用率

项目建成后，利用灾备中心的部分富余资源搭建应用系统和数据临时测试环境，提高灾备中心资源的利用率，解决了应用测试环境不足的问题。依靠灾备系统建立的业务仿真环境，可提高测试及故障原因分析的有效性。

云平台灾备系统支持异构数据中心的备份数据和租户信息的可用性、系统性的IT 服务，以及客服异构平台之间的差异性；支持弹性扩展，能够满足未来数据中心的发展需求。

（6）为政务信息资源开发及系统应用提供保障

目前，随着用户数量的快速增长和图片视频信息的大量增多，平台需要处理海量数据，需要以 IaaS 应用为核心的云计算中心作为有效支撑。同时，随着政务信息资源开发利用的深入，数据大集中及信息交换需要很高的计算能力。传统政务数据中心的建设和运行成本在不断上升，需要利用云计算模式来提高政府数据中心的运行效率，降低政府数据中心的建设成本。

随着移动终端的普及，4G、5G 等大容量移动通信技术的应用，会有越来越多的移动设备进入政务应用系统，因此政务应用系统要处理大量的数据，它将比以前承受更多的负载，也需要云计算中心帮助其缩短政务应用系统的响应时间。

（7）有利于实现精细化管理，提高管理水平

各部门通过政务云容灾平台共享其他部门的信息，全面、及时、准确地掌握管

理对象的情况，有助于实现精细化管理。信息共享可以有效避免信息不对称造成的监管漏洞，有利于开展多个部门的联合监管工作。

(4.4) 算力交易撮合，打造广东省内"南数北算、绿色低碳"的算力交易系统

4.4.1 实践背景

1. 算力网络的发展

近年来，我国高度重视算力相关领域的发展，积极构建以数据流为导向的新型算力网络。打通"数"动脉，统筹调度算力资源，加快推动算力建设，有效激发数据要素创新活力，为网络高质量发展、泛在终端互联互通提供重要支撑，为数字经济发展注入新动能。

统筹布局推进算力基础设施化建设至关重要。数智化进程催生海量数据，需要能够提供多样化、差异化服务的融合型计算架构，在这样的背景下算力网络应运而生。"基础设施适度超前建设"是我国在交通领域基础设施化过程中经得起实践检验的宝贵经验。算力也需要基础设施化，从而为各行各业数字化转型升级注智赋能。网络作为连接用户、数据、服务的主动脉，与算力融合共生已成趋势，只有筑牢数字信息基础设施，并赋予网络拥有管控调配算力的能力，才能组成泛在、立体、随用随取的算力网络，从而为重构以数据为中心的网络格局提供广阔的空间。

随着新型网络业务的涌现、算力需求的飞速增长以及计算需求的日益复杂化，云、边、端的深度融合、默契配合是算力基础设施化的客观要求，也是必然选择。算力网络涉及异构硬件和芯片、接入和互联网络、数据中心、云计算，以及大数据、人工智能、区块链等多产业链，触及容器、微服务、云原生和 DevOps（运维开发一体化）等开发模式，其整体设计布局将是一个庞大的系统工程。

从整体而言，我国算力基础设施规模已位居世界前列，但由于算力供给存在结构性短缺，例如地区之间供需失衡、分布式算力占比低等，需要在高速、移动、安全、泛在的网络底座基础上，整合云、边、端等多层次算力资源，提供数据感知、传输、存储、运算等一体化服务的数字信息基础设施，以满足不同业务在覆盖、容量、时延

等方面的差异化需求。

当前，计算产业和网络产业相对独立，算力网络在标准路线、体系架构等方面仍处于起步阶段，存在数据共享不够、资源接口不统一等问题。需要电信运营商与算力提供商等产业合作伙伴，对算力统一度量、算力交易撮合、算网能力联合调度等关键技术进行底层梳理与标准制定，同时，需要设计计算力资源开放共享的合理方案，以解决归属于不同运营方之间算力交易的信任问题，从而在算网协同过程中保障数据安全、信息安全。上述这些算力网络关键基础能力的搭建，不仅是算力网络发展的客观要求和重要保障，还是数字经济"高楼"的坚实"地基"。与此同时，各产业合作伙伴还应该加强建设关键技术验证演练场，加快各环节关键技术从孵化到完善的全过程，从而形成一套可推广的算力网络技术体系。

算力网络基于泛在分布的网络连接，通过网络、存储、算力等多维度资源的统一协同调度，为网内业务按需匹配算力资源，云化技术和网络技术是两大基础，二者相辅相成、互补互促。

从云化技术来看，对虚拟资源的编排是基础，容器编排和算力编排是前进方向。编排处理的是端到端的流程，包括管理所有相关服务，负责保证高可用性、部署后期工作、故障恢复等。通过使用合适的编排机制，用户可在服务器上或任何云平台上部署和使用服务。算力网络中的算力资源是泛在化的、异构化的。x86 通用服务器架构下的 CPU 计算单元、拥有强大并行计算能力的 GPU（图形处理器）计算芯片、FPGA处理器等都是算力网络中的算力资源，但由于运行算法不同、处理数据类型不同等，需要建立异构算力统一标识和网络标识的映射关系，以实现对异构资源的统筹调度。

需求升级倒逼行业发展，算力网络也不例外。为了满足对算力资源灵活承载和智能调度的需求，需要构建以算力为中心，融合 SRv6、应用感知等技术的智能化网络，实现算网灵活、敏捷、高效供给。例如，"东数西算"工程需要按照算力网络内的供需关系，通过对数据的流动进行管理调配，从而实现算力资源和计算任务的匹配。对于大数据中心来说，需要做到对算力资源和数据资产 E2E 的流动和管理，而这离不开底层承载网络的性能升级。

从网络技术来看，需要增强网络的资源感知与应用感知能力，进而向基于 SRv6技术的网络切片能力增强演进。随着近几年电信运营商对 SRv6 技术开展试点与部署，通信产业界也提出了"IPv6+"的发展理念与思路，为算力资源提供数据中心之间端到端的按需调度能力。SRv6 利用 IPv6 及源路由技术实现网络可编程的新型协议体系，具有良好的扩展性和可编程性，为未来智能网络切片、确定性网络、业务链等应用提供了强有力的支撑。

算力网络是云网融合发展的新阶段，乘云网融合之势，通过网络的分布式协同来实现对算力资源的有效配置。随着应用上云如火如荼地进行，国内外互联网企业大举进军云计算，并积极布局边缘云市场与服务。国内三大电信运营商将云网融合作为重要战略，在云平台基础上，结合边缘的网络覆盖优势积极布局 MEC 平台研发、边缘业务服务、专网能力建设等领域，以网络为底座支撑，结合网络可编程特性和云原生轻量化计算特性，积极拓展网络分布式协同能力，以实现对网内各种服务的合理灵活调度。

随着"东数西算"工程的全面启动，以东西不同定位相互配合的新型算力网络格局正在铺开。算力网络由概念大踏步走向落地的过程中，需要夯实创新研发基础、提升产业现代化水平、激发算力需求，需要凝聚产业共识、加强产业协作、繁荣产业生态。如今，社会各界全面拥抱算力网络，围绕算力网络国家枢纽节点推进算网布局，为推进数字经济繁荣发展注入新动能。

2. 算力交易平台的发展

（1）算力对经济具有拉动作用

从宏观层面来看，算力能够帮助数据这个新生产要素在经济增长的过程中发挥作用，算力的发展带动新兴产业诞生，促进传统产业转型升级。从微观层面来看，企业在计算力的加持下可增强活力，良性发展。

随着大规模算力中心的部署和算力中心之间的网络基础设施不断完善，算力中心打破原有的"孤岛"状态，算力数据将在不同的算力中心间产生转移，数据的交易和转移亟须可信可管、供需匹配的算力交易平台。基于此背景，我国算力交易平台呈现多元化交易模式。

具体来说，算力交易平台包括可信算力交易平台、算力供需适配平台和算力分发平台。可信算力交易平台旨在为供求双方提供公开、可信、透明的算力数据和服务，例如，基于"去中心化"的分布式、可信区块链技术构建可信算力交易平台。算力供需适配平台促进区域间算力供需适配和可流通、可共享、按需分配的数据市场的形成。算力分发平台通过聚合海量的算力资源，形成可持续扩张的算力资源池，以满足各行业对算力的需求,实现统一调度。

（2）算力交易平台提供广阔的应用场景

对于企业用户而言,算力交易平台提供了高质量的算力服务,降低了企业进入大规模计算行业的壁垒,例如智慧交通、智慧医疗、智慧工厂、智慧安防等领域,第三方算力资源可以为企业的智能化发展保驾护航。对于科研机构而言,算力交易平台提供便捷的大规模科学计算,优化资源结构配比,多方算力资源融合大幅缩短科研机构研发周期,提高创新成果产出率。对于各地区而言,东部地区、中部地区、西部地区可以通过算力交易平台进行资源整合和传输,使用相对低能耗、低成本的算力资源,推动各算力节点的联动,实现全国算力调度,形成各地区算力适配的系统创新生态网络。

（3）算力交易平台在发展过程中存在的困境与挑战

算力交易平台的发展,需要解决算力资源难以衡量、多维异构、归属复杂等问题。算力资源的度量与水力、电力等能源不同,不是单一维度的,而是包括计算快慢、计算能耗等多个维度。在物理空间上算力资源呈现多维分布的特点,同时算力资源可由异构的芯片提供,例如 CPU、GPU、FPGA、ASIC 等。由于建设大规模算力中心的门槛较高,当前算力基础设施建设多为多方共建,在整合算力资源提供服务时,面临算力资源归属复杂的问题。

2022 年,"东数西算"工程全面启动,算力枢纽节点助推我国新型算力网络体系逐渐构建,为算力交易平台的发展提供"算力基座"。对行业主管部门来说,推动算力交易平台的发展,需要确定算力资源度量的标准与体系,为算力交易提供合理、统一的依据与参考,规范算力资源交互,对算力交易平台实施监管;对地方政府部门来说,各地区根据度量标准,按需购买或出售算力资源;对算力资源提供方来说,需要明确划分各合作单位的算力资源占比,解决算力资源归属复杂问题;对各行业应用者来说,合理使用算力资源,空闲算力资源可在算力交易平台进行出售或租借,完全释放算力效能。多方共同合作打造算力交易平台,构建算力系统生态网络,提高算力基础设施的利用率,实现全国算力可调度、可交换,各方按需供给。

4.4.2 案例描述

1. 案例背景

2022 年 2 月 18 日,国家发展和改革委员会、工业和信息化部、中共中央网络安全和信息化委员会办公室、国家能源局联合发布文件，宣布在京津冀、长三角、粤港澳大湾区、成渝、内蒙古、贵州、甘肃、宁夏启动建设国家算力枢纽节点，并规划了10个国家数据中心集群。至此，全国一体化大数据中心体系完成总体布局设计，"东数西算"工程正式全面启动。

粤港澳大湾区全国一体化算力网络国家枢纽节点在韶关高新区设立数据中心集群，预计到2025年，韶关数据中心集群综合承载能力达到50万标准机架规模，服务器规模达到500万台，PUE达到1.25，力争上架率达到80%。

在战略定位方面，粤港澳大湾区全国一体化算力网络国家枢纽节点将全力打造辐射华南地区乃至全国的实时性算力中心。广东省将建设区域高速互联、智能高效的算力及数据资源协同调度体系，打造示范引领的大湾区数据融通战略枢纽，并推动大数据赋能工业、农业、服务业转型升级，建成全球一流的大数据流通治理和创新应用高地。

为此，广东省设定了总体目标，即聚焦"数网""数纽""数链""数脑""数盾"五大关键子体系，系统谋划推动算力、算法、数据、应用资源集约化和服务化创新，力争形成"绿色集约、统筹调度、数据融通、创新应用、安全可靠"的粤港澳大湾区一体化算力网络国家枢纽节点总体格局，建设成为全国一体化大数据中心协同创新样板标杆。

此外，广东省将在粤港澳大湾区全国一体化算力网络国家枢纽节点，构建"一群多城、群城两级、多层异构、云边协同"的一体化大数据中心空间布局，在物理上形成一个数据中心集群和多个重点区域城市算力设施的"一群多城、群城两级"的数据中心供给结构和空间布局。

"一群多城"的布局为打造以韶关为承载地的核心数据中心集群，以其他非核心集群城市为承载地的城市数据中心及边缘数据中心，以广州市、深圳市、珠海市、东莞市等有基础的城市作为承载地的超算、智算和离岸数据中心。

2. 案例说明

本案例是某电信运营商广东分公司基于参与建设粤港澳大湾区全国一体化算力网络国家枢纽节点的背景，打造一款广东省内"南数北算、绿色低碳"的算力交易系统，设计研发体验优先、成本优先、绿色低碳优先的算力交易撮合算法，为算力需求方找到最优的算力供给方，实现了广东省内各地市企业客户可随需买入智能视讯、AR教育、云游戏等边缘应用的算力资源，满足各类边缘应用快速发展需要，为全国一体化大数据中心体系的建立提供先行先试的经验。

3. 案例实践

1）总体方案

算力交易技术实现方案是将算力提供方的各类算力资源，按需提供给算力消费方，包含算力提供方的资源接入、对算力消费方的资源需求和各类业务、应用场景需求的解析等，为算力使用方匹配最佳资源。

算力交易的具体实现涉及以下相关方。

- 算力提供方：能够提供算力资源的单位或个人。算力资源池可以是小微型的边缘计算节点，也可以是大中型的云计算节点或城域计算节点、超算中心等。因此提供方可以是电信运营商、大型云服务商，也可以是中小型企业、超算中心等，甚至是个人。

- 网络运营方：能够提供连接服务的运营商。其利用网络资源将用户和算力资源连接在一起，并且可以根据用户的需求提供不同等级的连接服务。

- 算力消费方：消费算力资源、网络资源的单位或个人。其会根据各自业务情况，在成本、性能及安全性等方面提出不同的要求。

- 算力网络交易平台：让算力提供方和算力消费方可以进行交易的平台。交易可以公开进行，即算力消费方明确知道用的是谁提供的算力资源；也可以匿名交易，即算力消费方不知道算力提供方是谁，由交易平台来负责交易可靠性与计算安全性。此外，在此交易平台上，不只进行算力资源的交易，也需要根据位置和业务需求同时完成网络资源的交易。

- 算力网络控制面：能够收集算力信息、网络信息等，并将信息发送给算力网络交易平台，供算力消费方选择合适的算力资源与网络资源，再根据算力交易情况为用户提供最佳的算力分配及网络连接方案。

- 算力应用类商店、AI 赋能平台等：作为算力网络体系中的附加模块，既可以为算力消费方提供基础的算力应用，也可以为算力提供方提供基于 AI 的辅助运营等功能。

算力网络交易的实现方案如图 4-55 所示。

用户（即租户）首先在算力网络交易平台发起申请，将其对算力资源的需求、时延要求等进行提交。算力网络交易平台在收到交易申请后，会先向算力网络编排管理平台查询相关的算力资源信息和网络资源信息。如果有必要，也可以由算力网络编排管理平台发起端到端的时延测量流程，以获得更为精准的时延信息。然后由算力交易平台整合收到的算力资源信息和网络资源信息，计算得到针对某用户的算力网络资源信息表。算力网络交易平台也可以将算力网络资源表转换为以用户为中心的算力网络资源信息表视图，供用户进行选择。

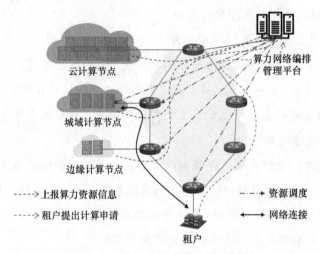

图 4-55 算力网络交易的实现方案

算力交易平台根据网络时延、资源建设成本及可扩展性等因素综合定价，用户根据自身对价格、时延、安全等维度的要求选择合适的方案，完成算力交易。

2）系统功能架构

系统从逻辑功能上划分为算力服务层、算力路由层、算网编排管理层、算力资源层和网络资源层五大功能模块。算力交易系统总体架构如图 4-56 所示。

- 算力服务层：承载算力的各类能力及应用，并将用户对业务 SLA 的请求（包括算力请求等参数）传递给算力路由层。

- 算力资源层：为满足新兴业务的多样性计算需求，通过从单核 CPU 到多核 CPU，到 CPU+GPU+FPGA 等多种算力组合，在网络中提供泛在异构计算资源。

- 算力路由层：基于抽象后的计算资源发现，实现对算力节点的资源信息感知，通过在用户请求中携带业务需求，实现对用户业务需求的感知。综合考虑用户业务请求、网络信息和算力资源信息，将业务灵活按需调度到不同的算力节点中，同时将计算结果反馈到算力服务层。

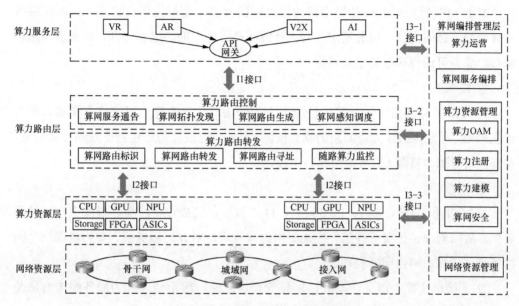

图 4-56　算力交易系统总体架构

- 算网编排管理层：实现对算力服务的运营与编排管理、对算力路由的管理、对算力资源的管理及对网络资源的管理。其中，算力资源管理包括基于统一的算力度量体系，完成对算力资源的统一抽象描述，进而实现对算力资源的度量与建模、注册和 OAM 等功能，以支持网络对算力资源的可感知、可度量、可管理和可控制。

- 网络资源层：提供信息传输的网络基础设施，包括接入网、城域网和骨干网。

算力资源层和网络资源层是算力网络的新型基础设施层，算力服务层、算力路由层和算网编排管理层是实现算力网络可感、可控、可管的三大核心功能模块。算力交易系统基于所定义的五大功能模块，实现对算力和网络资源的感知、控制和管理。

接口功能描述如下。

基于定义的算力资源层、算力服务层和算力路由层等功能模块，定义了 I1、I2、I3 接口，用于传递不同的管理、控制和数据信息。I1 接口是算力服务层与算力路由层之间的接口，I2 接口是算力路由层与算力资源层之间的接口，I3 接口是算网编排管理层与其他各层之间的接口。

① I1 接口

I1 接口是算力服务层与算力路由层之间的接口，支持应用信息感知，实现服务与算力网络之间支持"服务需求"与"计算互联资源"的映射和协商，以实现网络可编程、算力可编程和服务自动适配。

② I2 接口

I2 接口是算力路由层与算力资源层之间的接口，支持算力资源信息和算力服务信息感知，通过传递算力资源层的算力资源/服务信息及算力路由层下发的控制信息，实现网络对算力资源/服务的可感、可控。

③ I3 接口

I3 接口通过 I3-1 接口、I3-2 接口、I3-3 接口，完成设备注册、资源上报、性能监控、故障管理、计费管理等，实现算网编排管理层对算力服务层、算力资源层、网络资源层和算力路由层的管理。

I3-1 接口在算力服务层与算网编排管理层之间，用于传递算力服务编排信息及各算力服务的运营、计费管理信息。

I3-2 接口在算力路由层与算网编排管理层之间，用于下发算力路由策略、下发算力路由配置信息、算力注册信息等。

I3-3 接口在算力资源层、网络资源层与算网编排管理层之间，用于传递算力资源注册、算力度量与建模信息、算力标识申请与分配、网络资源管理等信息。

3）系统关键模块设计

（1）算网资源管理

实现面向底层的计算、存储、网络等物理资源的统一纳管，包括裸金属的管理、虚拟机、容器、边缘集群等基础设施资源的管理。

支持对全网的算力节点进行注册，由资源管理平台下发各算力节点的配置，包括算力节点的标识信息、算力信息的通告策略，以及算力分配与调度策略。具体功能介绍如下。

- 算力节点上线后，向资源管理平台发送注册请求，在请求中携带指示信息，用于指示该节点为算力节点。
- 算力节点接收资源管理平台下发的指示信息，用于指示注册所需信息，算力节点根据注册指示信息向资源管理平台发起注册；根据指示信息，携带注册所需信息，算力节点接收资源管理平台下发的算力节点标识信息。

- 注册所需的信息包括设备标识信息、接入路由器的标识信息、算力节点的位置信息、算力节点的证书机构 CA 证书等资源。
- 算力节点接收资源管理平台下发的配置策略包括算力节点信息通告策略、算力节点能力模板，以及算力操作、维护和管理 OAM 相关配置信息。
- 算力节点注册之后可以由资源管理平台对各个节点的算力进行存储，订阅 / 接收算力的实时更新信息。算力路由节点下发的算力节点信息，由算力路由节点列表配置相应的路由通告策略。

（2）算力建模

本书中所讲的算力是网络中具有计算能力的节点通过对数据的处理，实现特定结果输出的能力。算力建模是指对算力节点的建模，具体从以下 4 个方面来开展算力建模工作。

① 计算能力建模

主流计算芯片主要涉及的计算类型包括整数计算、浮点计算、哈希计算，因此会从这 3 个方面对计算能力进行建模。

- 整数计算速率。整数运算主要针对 CPU，整数计算速率表示为在 CPU 上运行整数型数据运算基准程序的计算速率。整数运算能力有其特定的应用场景，例如离散时间处理、数据压缩、搜索、排序算法、加密算法、解密算法等。
- 浮点计算速率。浮点计算速率表示为在 CPU 上运行浮点型数据运算基准程序的计算速率。存在多种基准测试程序，每种基准测试程序都能从不同的角度反映节点的浮点计算性能。
- 哈希计算速率。哈希计算速率是指计算机进行密集的计算和加密相关操作时使用哈希函数的输出速度。

在对算网资源建模的过程中，使用统一语言描述多维异构计算资源（例如 CPU、GPU、FPGA），以进一步实现对异构资源的建模和度量。这样可以对每种计算资源的不同指标进行定义和描述，例如 CPU 的主频、内核数、内存大小等。建模过程中使用的异构芯片资源信息见表 4-4。

表 4-4 建模过程中使用的异构芯片资源信息

种类	中文名称	英文名称	含义	测量方法	类型	单位
CPU	型号	cType	CPU 型号	厂商获取	String	—
	主频	cClock	CPU 的时钟频率	厂商获取	Float	GHz
	内核数	cCore	单位 CPU 芯片上集成的内核单元数	厂商获取	Int	个
	线程数	cThread	CPU 在某瞬间能同时并行处理的任务数	厂商获取	Int	个
	功率	cPower	CPU 散热设计功耗	厂商获取	Int	W
	缓存	cCache	位于 CPU 与内存之间的临时数据交换器，用于减少处理器访问内存所需的平均时间	厂商获取	Int	MB
GPU	型号	gType	GPU 型号	厂商获取	String	—
	CUDA 核心	gCudaCore	执行单元的数量	厂商获取	Int	—
	显存	gVideoMemory	存储要处理的图形信息的能力	厂商获取	Int	GB
	单精度浮点性能	gFloat	单浮点数的计算能力	厂商获取	Float	TFLOPS
	INT8 性能	gInt	八位定点数据的计算能力	厂商获取	Float	TOPS
FPGA	型号	fType	FPGA 的型号	厂商获取	String	—
	M20K 存储器容量	fStorage	M20K 存储器容量可以容纳的二进制信息量	厂商获取	Int	MB
	精度可调 DSP 模块	fDsp	精度和浮点运算性能的指标	厂商获取	Int	—
	Peak 定点性能	fTmac	精度和浮点运算性能的指标	厂商获取	Float	TMACS
	Peak 浮点性能	fTflops	精度和浮点运算性能的指标	厂商获取	Float	TFLOPS
	逻辑单元 LE	fLe	用于完成用户逻辑的最小单元	厂商获取	Int	—
	ALM	fAlm	自适应逻辑模块（ALM）+ ALM 寄存器，解决 LE 级联和反馈才能产生具有较多输入函数的指标	厂商获取	Int	—

② 通信能力建模

根据网络带宽对通信能力进行建模，网络带宽指节点在单位时间（1s）内能发送 / 接收的最大数据量，表示节点理论上的最高传送速度。

③ 内存（缓存）能力建模

从内存容量和内存带宽两个方面对内存（缓存）能力进行建模。

- 内存容量。内存容量一般指节点的随机存储器的容量。
- 内存带宽。内存的数据读取和存储速度决定了 CPU 和内存之间的数据交换速率，对系统的计算性能存在潜在的影响。评测持续内存带宽可以反映系统中内存子系统的性能，可作为系统性能评测的有益补充。

④ 存储能力建模

从存储容量、存储带宽、每秒进行读写操作的次数（Input/Output Operations Per Second，IOPS）、响应时间 4 个方面对存储能力进行建模。

- 存储容量。存储容量是指存储器可以容纳的二进制信息量。
- 存储带宽。存储带宽是度量存储设备数据传输速率的技术指标，决定了以存储设备为中心获取信息的传输速度。设存储带宽用 Bm 表示，存取周期用 tm 表示，每次读 / 写 n 个字节，因此存储带宽 Bm=n/tm。
- IOPS。IOPS 指系统在单位时间内能处理的最大 I/O 频度，一般指单位时间内能完成的随机小 I/O 个数。在保证系统环境配置基本相同的情况下，测量以下 4 项分项指标和一项综合指标。
  - ➢ 随机读 IOPS：在 100% 随机读负载情况下，通过读取大量随机分布在存储器不同区域的文件，测量节点本地存储或系统并行存储随机读的 IOPS。
  - ➢ 随机写 IOPS：在 100% 随机写负载情况下，通过将大量文件写入存储器的不同区域，测量节点本地存储或系统并行存储随机写的 IOPS。
  - ➢ 顺序读 IOPS：在 100% 顺序读负载情况下，通过在存储器的连续区域读取大文件，测试节点本地存储或系统并行存储顺序读的 IOPS。
  - ➢ 顺序写 IOPS：在 100% 顺序写负载情况下，通过在存储器的连续区域写入大文件，测试节点本地存储或系统并行存储顺序写的 IOPS。
  - ➢ 随机读写 IOPS：在 100% 随机负载情况下，通过在存储器的不同区域同时执行文件的随机读取和写入操作，测试节点本地存储或系统并行存储随机读写速率。

- 响应时间。响应时间等于一个 I/O 的完成时间减去开始的时间所得的时间段，即该 I/O 请求的完成时间。对于被测系统，可以测量在轻量级负载（通常不超过 10% 负载）情况下的存储响应时间（被称为最小响应时间），也可以测量在重量级负载（90% 以上负载）、大批量、多任务、高并发应用情况下的响应时间（体现存储系统在有大量并发任务请求、I/O 请求接近于饱和的情况下的性能）。

  ➤ 平均响应时间 = 被测的所有 I/O 的响应时间之和 / 所有被测 I/O 的数量。

算网融合节点算力度量指标体系架构如图 4-57 所示。

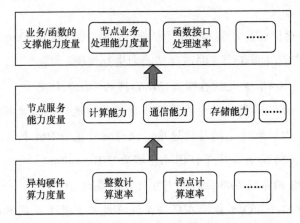

图 4-57　算网融合节点算力度量指标体系架构

算力度量指标体系由多级指标构成。其中，一级指标表示异构硬件算力度量，包括整数计算速率、浮点计算速率等。二级指标表示节点服务能力度量，包括节点可以提供的计算能力、通信能力、存储能力等。三级指标表示节点对业务 / 函数的支撑能力度量，包括节点业务处理能力度量、函数接口处理速率等。其中，一级指标和二级指标可以通过不同的评估方法计算获得，例如基准测试程序测试、直接从厂商获取或公式计算方式获得。

通过上述 4 个维度完成对算力资源节点的建模后，还要根据算力资源节点面对不同业务时展现出的不同性能，对节点的服务能力进行分级评估。节点的服务能力评价指标可以从服务能耗、服务安全性等方面来考虑。

服务能耗包括传输能耗和执行能耗，传输功耗可以获取数据传输功率，进而通过计算任务在算力感知网络中不同的算力之间传输所需要的时间，从而计算得到传输能耗。

服务安全性指标可以用多维数组来表示，评判服务节点是否能提供安全性服务，包括是否提供网络防火墙服务、是否配有 VPN、是否能够进行互联网直连、是否提供加密解密处理功能、是否具有保密机制、是否有为保障系统网络安全策略而设计的安全原则。

为保障用户业务体验，需要合理分配算力，尤其对于异构硬件算力，不同芯片所提供的算力可通过度量函数映射到统一的量纲，提供量化的服务。

从业务场景维度，算力的衡量表示如下。

$$C_{br} = \alpha \cdot \sum A_i + \beta \cdot \sum B_j + \gamma \cdot \sum C_k + q$$

其中：A 代表逻辑运算能力；B 代表并行计算能力；C 代表神经网络计算能力；α，β，γ 为比例系数；q 为冗余算力。

对于不同的计算类型，不同厂商的对应芯片也不同，这就涉及异构算力的纳管。异构算力调度的基础是算力的统一度量。

假如有 3 种不同类型的并行计算芯片 b_1、b_2、b_3，则转化为并行计算需求可表示如下。

$$\sum_{j=1}^{3} B_j = \beta_1 \cdot f(b_1) + \beta_2 \cdot (b_2) + \beta_3 \cdot f(b_3)$$

其中：$f(x)$ 是映射函数，β_1、β_2、β_3 为映射系数。

综上所述，针对异构算力的设备和平台，若存在 n 个逻辑运算芯片及 m 个并行计算芯片和 d 个神经网络加速芯片，那么某种业务的算力需求可统一量化为以下模型。

$$
\begin{aligned}
C_{br} &= \alpha \cdot \sum A_i + \beta \cdot \sum B_j + \gamma \cdot \sum C_k + q \\
&= \alpha \cdot \sum_{i=1}^{n} \alpha_i \cdot f(a_i) + \beta \cdot \sum_{j=1}^{m} \beta_i f(b_j) + \gamma \cdot \sum_{k=1}^{d} \gamma_k \cdot f(c_k) + q
\end{aligned}
$$

其中：C_{br} 为业务的算力总需求；A 代表逻辑运算能力，$f(a_i)$ 表示第 i 个逻辑运算芯片 a 可提供的逻辑运算能力映射，α_i 为系数；B 代表并行计算能力，$f(b_j)$ 表示第 j 个并行计算芯片 b 可提供的并行计算能力映射，β_i 为系数，C 代表神经网络计算能力，$f(c_k)$ 表示第 k 个神经网络加速芯片 c 可提供的加速能力映射。

（3）算力网络控制

算力路由控制主要将算力信息引入路由域，进行算力感知的路由控制，并将网络和计算高度协同优化。算力路由控制支持用户需求感知、算力信息和网络信息通告、算力路由生成以及算力、网络联合调度等功能。

感知用户业务需求，即入口网络节点接收用户业务请求并感知用户业务需求，包括网络需求（带宽、时延、抖动等）和算力需求（算力请求类型、算力需求参数等）。通过扩展 IPv6 字段携带应用和需求信息（带宽、时延、抖动和丢包率、算力需求等），让网络进一步了解用户的算力需求，综合网络和算力需求进行路由调度，提升算力服务的网络效率。

支持"用户需求"与"计算互联资源"的映射和协商，实现网络可编程和业务自动适配。具体实现过程如下。

当客户端提出多样化的用户需求，并向算力网络发出服务请求时，资源智能映射机制通过分析业务需求，结合业务对时延、能耗、优先级等条件的要求来完成资源分配，下发融合节点的算力资源，按需提供网络服务并进行服务部署。同时感知算力环境的变化，根据网络中流量及算力节点资源的变化进行动态调整。

对预设的业务场景进行需求分析，对业务需求进行形式化建模，将复杂业务分解为具有不同子功能的原子业务，再结合业务需求模型和算网一体融合节点能力模型，设计资源映射机制。对全局网络、算力资源、动环资源能耗信息等内容的采集，根据对算力消费方业务和应用场景需求的解析，基于对应策略为之撮合匹配最优的算力提供方。

算网需求和资源智能映射架构体系可分为算力融合节点层、资源映射及路由规划层、业务需求层。资源智能映射架构如图 4-58 所示。

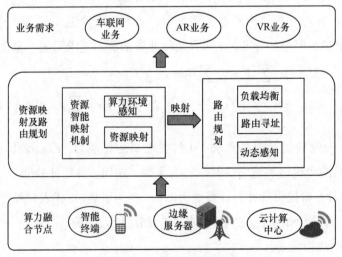

图 4-58　资源智能映射架构

支持算力信息和网络信息的感知和通告，入口网络节点获取其他节点设备当前可用的资源状态。网络信息包括网络拓扑、带宽、时延、抖动等。算力信息包括网络中部署节点的算力使能信息、部署位置及状态等信息，具体有服务/任务连接数、

CPU/GPU 计算力、部署形态（物理、虚拟）、部署位置（相应的 IP 地址）、存储容量、存储形态等能力。

基于上述基本的算力资源抽象出来的计算能力，可用于反映各个节点当前可用的计算能力与分布的位置及形态。获取算力信息生成算力拓扑，包括算力节点拓扑和算力状态拓扑，根据节点上报的算力使能信息识别算力网络节点，根据识别出的算力网络节点生成算力节点拓扑，在算力节点拓扑中各算力网络节点通告算力状态信息生成算力状态拓扑。

由各节点按照分布式网络协议根据其他节点通告的算力使能信息识别算力网络节点，生成算力节点拓扑。在算力节点拓扑中各算力网络节点通告算力状态信息时，由各算力网络节点按照分布式网络协议向其他算力网络节点通告算力状态信息。

算力信息和网络信息通告通过扩展 BGP/IGP 实现，例如利用 BGP 更新消息中路径属性的预留字段 TLV 格式来扩展。

支持算力路由表的生成与更新，基于通告的算力节点信息生成算力状态拓扑，进一步生成算力感知的新型路由表，用于支持后续业务转发。

支持算力网络联合调度，入口网络节点根据接收到的用户业务请求，可以将用户业务请求进一步映射为资源需求，同时结合网络资源和算力资源状况，将服务应用调度到合适的节点，为终端提供服务。

为了实现对业务的端到端的可靠业务传输，入口网络节点将资源需求发送给目的服务节点，进行端到端资源预留。

（4）算力路由转发

算力路由转发子系统基于算力路由控制下发算力转发信息表，实现算力路由寻址，支持网络编程、灵活可扩展的新型数据面，支撑算力服务的最优体验。算力路由转发功能模块入口节点基于算力通告信息生成路由信息表，包括服务部署位置信息、服务状态信息等，当收到业务请求首包后，将基于路由信息表确定目标路由节点，并进一步建立 FIB 表，由该目标路由节点连接的一个目标服务节点为用户设备提供服务，并结合 IPv6/SRv6/VPN 等多种协议实现算力路由转发。

算力路由转发支持函数能力寻址，将计算任务分配给不同的服务节点进行处理。在算力网络中，单个服务请求可能会因为网络性能和计算性能的动态变化而被调度到不同的出口节点，进而在不同的服务节点进行处理。同时，算力路由转发支持算力路由标识，在传统 IP 地址转发的基础上，算力路由支持 Service ID/Function ID 寻址，网络侧根据网络算力状态实时调整网络传输路径和目的服务节点，生成并维护基于 Service ID/Function ID 的路由转发表，实现通过最佳网络路径传输。

支持随路的算力监控管理，即通过随路携带的资源信息（计算能力信息、网络信息、业务请求等信息），将当前的算力状况、网络状况和业务请求等作为 OAM 信息发布到路径中，网络将相关的信息随数据报文转发到相应的计算节点，及时更新和优化业务网络路径。

将获取的业务请求、当前节点的计算和网络资源信息添加到当前节点的资源信息中，生成 OAM 信息；OAM 信息可封装在数据包中，通过该封装数据包的转发请求获取其他节点的资源信息（含计算资源和网络资源），其他节点反馈自身的资源信息，得到 OAM 信息集合；从 OAM 信息集合中选择满足条件的目标 OAM 信息，目标 OAM 信息所属的节点对业务请求进行处理。算力网络数据平面工作流程如图 4-59 所示。

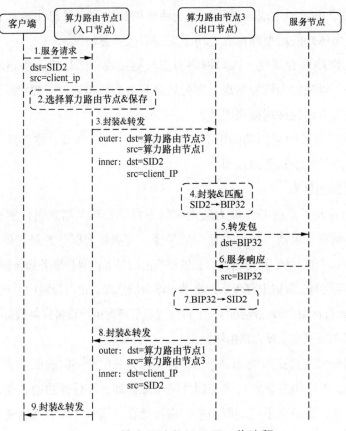

图 4-59　算力网络数据平面工作流程

图 4-59 描述了客户端节点发起的服务请求 SID2 的处理过程。当图中的算力路由节点 1（入口节点）收到请求时，它会基于计算收到的负载信息动态选择最合适的算力路由出口节点（图中展示了选择算力节点 3 作为出口节点的情况），并将数据包封装后传输到出口节点。算力路由节点 3 收到数据包后会对数据包进行解封，并将目的地址从 SID2 映射到绑定 IP（BIP32），进而通过 BIP32 路由到服务节点。

（5）算力服务编排

算力服务编排模块实现的功能如下。

- 对算力服务镜像进行管理，包括新增、版本更新、删除。

- 算力服务的实例化、更新、扩缩容、实例终止：基于策略或 AI 算法，与算力服务管理功能交互，支持算力服务在一个或多个算力节点上，依据算力服务质量要求进行实例化、服务更新、弹性扩缩容及服务终止等操作。

- 对算力节点上的异构算力资源和网络资源进行预留、分配及释放。

- 实现节点与节点、节点与用户间的网络连接建立，根据算力服务质量要求，提供对应等级的 SLA；对算力节点状态、网络状态、算力服务状态感知，实现对算力服务质量的评估。

- 接收业务服务请求，并对该业务进行调度。根据网络的算力资源和网络资源生成业务调度策略；向算网控制节点发送调度策略，用于确定业务的转发路径，并将业务调度到对应的算力路由节点进行处理。

服务编排功能架构如图 4-60 所示。

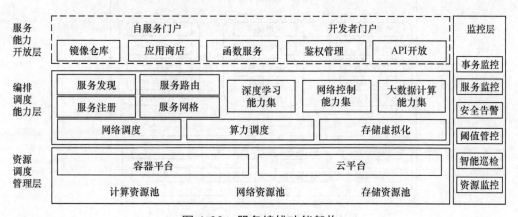

图 4-60　服务编排功能架构

算力服务编排模块结合底层基础设施层的资源调度管理能力，通过面向服务的容器编排调度能力，实现面向算网资源的能力编排和能力开放。

（6）算力交易

算力运营关键点是解决算力利用效率的问题。一方面，各行各业对算力的需求很大，另一方面，企业的各个算力资源节点忙闲不均，有些节点资源闲置率很高，有些算力资源节点的利用率甚至低于15%。要解决算力供需失衡的问题，势必需要一个算力交易平台，搭建算力共享交易体系，而算力共享交易涉及供给方、消费方、运营方，需要满足各方的诉求。算力供给方关心的是如何将自己闲置的算力变现，带来更大的价值；算力消费方关心的是如何找到自己想要的算力，随需随用；算力运营方关心的是如何聚合更多的算力，如何快速灵活地满足各算力消费方的需求。

针对以上问题构建的算力交易平台能够高效满足算力供需双方，将自有算力变现、让闲置的算力得到利用，让算力消费方方便、低成本地获取算力，聚合社会多方算力，满足算力消费方多样化业务需求，打造算力生态。

算力交易平台将算力提供方的各类算力资源，按需提供给算力消费方，包含接入算力提供方的资源，对算力消费方的资源需求和各类业务、应用场景进行解析，为客户提供用户体验优先、成本优先、绿色低碳优先等多样化的算力交易撮合算法，为算力需求方找到最优的算力供给方，对多维资源信息进行整合与报价，执行算力交易流程、提供资源消费账单，实现以客户为中心的可视化算力交易。

算力交易平台的功能架构如图 4-61 所示。

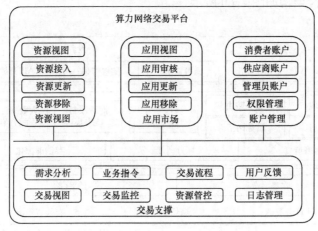

图 4-61　算力交易平台的功能架构

算力交易模块需要建立算力交易的消费方账号、供应商账号、管理员账号等账户信息，还需要提供应用市场、资源视图、需求分析、业务指令、交易流程管理、交易视图、交易监控等功能。支持多维度、多量纲的算力服务计费功能，例如，按照 API 调用次数进行计费、按照资源使用情况进行计费，或者根据用户等级进行计费等。

支持算力和网络融合的计费方式，网络节点从算力节点获取算力计费信息后，向计费节点发送计费请求（可采用远程认证拨号用户服务 Radius 协议报文等方式），该请求中包含上述算力计费信息和网络计费信息，用于指示计费节点进行算力资源和网络资源的计费。例如，可在 Radius 报文属性字段携带算力计费信息。算力计费信息包括用于算力资源计费的算力资源的使用初始值和使用结束值，算力资源使用量或算力资源计费信息。算力资源需要包含算力服务等级协议指标、用户信息、业务信息等。

支持基于服务等级协议的算网融合精细化计费方式，SLA 业务信息包括用户设备标识、服务标识、SLA 等级和使能算网融合计费功能的使用标记、可使用的增值功能信息等。认证计费节点获取用户的 SLA 业务信息并确定对应的 SLA 业务策略（包含可使用的算力资源和网络资源信息），将 SLA 业务策略发送至用户的服务节点（支持算力和网络资源的节点），并接收服务节点基于用户上线发送的认证请求，该请求中携带 SLA 业务信息。

（7）算力 OAM

算力 OAM 模块实现对算力节点算力性能的监控，通过多种类型的算力信息采集和上报策略配置，支持最优算力节点的实时选择，并在发生故障时予以修复。具体功能包括以下内容。

支持算力信息采集。由路由节点主动周期性地向算力节点发起探测（例如通过 ICMP 等多种方式），或者通过下发算力探针的形式按需采集节点状态，实时收集算力等信息，如果算力节点的链路状态或算力性能不能满足当前业务的需求，则进行链路倒换或重新选择节点，保障最优算力服务节点的选择。

支持算力节点故障检测。边界路由节点作为多个算力节点的管理设备，需要感知每个算力节点的节点状态以及链路状态，一旦链路发生故障或节点发生故障，则可以及时切换到新的链路和新的节点，以满足低时延等极致的用户体验。

支持算力路径检测。由路由节点向算力节点发送探测报文（例如通过 ICMP 等多种方式），探测报文包括待检测业务所需的算力性能指标。获取算力节点根据探测报文发送的反馈报文。反馈报文包括算力节点根据算力性能指标进行检测的性能指示信息。例如，性能指示信息中携带的仍为探测报文中的算力性能指标的初始数据，则指示该算力节点的算力性能指标达标；性能指示信息中携带的探测报文中的算力性能指标为修改数据，则指示该算力节点的算力性能指标不能达标。算力性能指标具体分为算力指示信息和网络性能信息。算力指示信息包括 CPU 利用率、GPU 利用率、缓存、存储能力和会话连接数等；网络性能信息包括路径传输时延、处理时延和带宽利用率等。

4.4.3　实践成效

算力交易平台为各类企事业单位提供了广阔的应用场景。对于企业用户而言，算力交易平台提供了高质量的算力服务，降低了企业进入需要大规模计算行业的壁垒，例如智慧交通、智慧医疗、智慧工厂、智慧安防等领域，第三方算力资源可以为企业的智能化发展保驾护航。对于科研机构而言，算力交易平台提供了便捷的大规模科学计算，优化资源结构配比，多方算力资源融合大幅缩短了科研机构研发周期，提高了创新成果的产出率。对于各地区而言，东部地区、中部地区、西部地区可以通过算力交易平台进行资源整合和传输，可使用相对低能耗、低成本的算力资源，推动各算力节点的联动，实现全国算力调度，形成各地区算力适配的系统创新生态网络。

未来，以东数西存、东数西算、东数西训为牵引，在"东数西算"工程建设的引导下，逐步形成绿色集约的算力布局，有效带动我国各地产业、生态、人才的良性循环发展，为我国数字经济发展及科技创新的落地添砖加瓦，助力中国经济稳步发展。